天文学的故事

李梦瑶◎著

華中科技大學出版社
http://press.hust.edu.cn
中国·武汉

图书在版编目(CIP)数据

天文学的故事 / 李梦瑶著．—武汉 ：华中科技大学出版社，2024.2
（常读常新经典故事系列）
ISBN 978-7-5680-9854-0

Ⅰ．①天⋯　Ⅱ．①李⋯　Ⅲ．①天文学－普及读物　Ⅳ．①P1-49

中国国家版本馆CIP数据核字(2023)第254844号

天文学的故事
Tianwenxue de Gushi

李梦瑶　著

总 策 划：亢博剑
策划编辑：陈心玉
责任编辑：陈　然
封面设计：琥珀视觉
责任校对：刘　竣
责任监印：朱　玢
出版发行：华中科技大学出版社(中国·武汉)　　电话:(027)81321913
　　　　　武汉市东湖新技术开发区华工科技园　　邮编:430223
录　　排：孙雅丽
印　　刷：湖北新华印务有限公司
开　　本：880mm×1230mm　1/32
印　　张：6.375
字　　数：124千字
版　　次：2024年2月第1版第1次印刷
定　　价：42.00元

导读
漫天星辰，唯一的你

在比“明月几时有，把酒问青天”更久远的时代，地球上的人们就已经仰望头顶的星空很多很多年了，太阳循环着升起落下，夜晚的繁星从未缺席，月亮严格遵循圆缺的规律，千万年、上亿年来都是这样的。但它们是怎么来的？为什么高悬在天空中？这都让人产生了无穷的好奇和疑问，所以自古以来，无论中国还是其他国家，都流传着很多关于星星、月亮、太阳的神话和传说。

这些天体神秘又美丽，一直吸引着人们去探索它们的真相，近现代科学技术的发展，更是加快了人类探索太空和宇宙的脚步。

四五百年前，人们才刚刚确认了“地球围着太阳转”的事实，用环球航行证实了地球是圆的，此后，随着理论知识的完善，人类对地球自身、月亮、太阳、太阳系、银河系、宇宙的探索也越发深入。人类一直在用天文望远镜和探测器观察和研究着头顶上那片我们一直在凝望但一直陌生的天空。

在这些孜孜不倦探索宇宙的国家中，中国也是极为重要的一员。几千年来，中华民族对天文天象的忠实记录与成体系的天文研究从未中断，到了今天，我国现代航空航天技术的起步虽然有所滞后，但国家一直在奋勇追赶，实现了从人造卫星、探测器的发射到载人航天的成熟与空间站的建立使用的飞跃，航天科研与应用能力迈入国际前列。

银河系

当然，事实上，人类对宇宙本质的了解还有很远很远的路要走。宇宙是否起源于大爆炸？太阳是否终会熄灭？到底有没有地外生命？星空那么浩瀚辽阔，人类所处的是什么样的位置？越是向外、向深空求索，人们越会有更多疑问，地球上顶尖的智慧和科技形成的理论，在宇宙谜一样的庞大与未知面前或许不值一提，但一代代的天文学家用勇气与热情不断追问，拓展着人类的视野和认知。

发现与探索的过程是如此艰难又富有传奇色彩，丝毫不亚于最惊心动魄的探险小说，科学家们在不同的年代背景下，直面各方面的困境，不断揭示着新奇的、激动人心的宇宙秘密。

从前的天文学家们从对地球本身的了解出发，观察太阳和月亮，记录天空中的斗转星移，研究不常见的天文异象，用简陋的工具与烦琐的计算日复一日地探究一颗又一颗不同的星星。自古以来，无数这样默默无闻的科学家、学者、普通人的探索构成了今人了解宇宙的基本图景。

现在我们知道了宇宙有着“恒河沙数”一样多的星系，而每个星系中又有数不尽的星云、星团、恒星等天体。地球，不过是浩渺星海里的一滴水，人造仪器能够探求的半径至今刚到达太阳系边缘，以光年为衡量单位的遥远天文距离，使得地球在宇宙中微小得如同一粒尘埃，更遑论地球上我们这些小小的人类。

在“旅行者1号”拍摄的那张经典照片“暗淡蓝点”上，地球如同一粒微尘若有若无地轻轻飘荡在无垠的太空里，如此孤独、柔弱而珍贵。

地球在广袤的宇宙中是独特而唯一的，它由宇宙最初的物质构成，又在离太阳恰好的位置演化出了生命，经过数十亿年的生息繁衍，化为花鸟虫鱼，以及你、我每一个不同的个体。地球生命的出现在茫茫宇宙中是奇迹，同样，你也同地球一样，是偶然与必然结合诞生的生命奇迹。

人生短暂，宇宙的未知更加让人慨叹白驹过隙一般的光阴，若你在生命中的某个瞬间，能遇见星系另一端一颗或许已经不存在的星星千万年前发出的光，那将是多么幸运。千千万万颗星，就像乐谱上的无数音符，并非杂乱无章，星星的生命如同人的生命，宇宙的深邃犹如内心的无涯，它们谱就了一曲宏大壮美的乐章，等着你去倾听。

对天文学的历史与宇宙的发现感兴趣、想要了解更多的你，如果已经准备好踏上一段求知之旅，那么就跟随书中地球、太阳、月亮、太阳系、银河系、宇宙依次展开的顺序，穿过文字与书页，把目光投向漫无边际的宇宙吧！你会发现，越了解宇宙，也将越熟悉地球和人类，以及万物生灵。

徐煜华

浙江省天文学会秘书、科普讲师，《科学世界》天文科普文章译者

CONTENTS 目录

第三章

大千世界，璀璨银河 / 129

宇宙深处 / 163

第一章

地球这颗星

1. 混沌初开的地球

生活于地球上的人类是会思考和想象的独特物种，古人因而发问：地球是怎么来的？人类诞生之前的世界到底又是怎样的？这就像孩子问母亲自己是从哪里来的一样自然，但是，关于地球诞生的问题只能由人类自己来解答。

在西方的创世纪传说中，上帝共花费一周的时间创造了整个世界，昼夜、天空、动植物、四季、日月星辰、人类等所有能想到的一切都是被更高等的智慧创造出来的。而在中国的神话里，盘古手持利斧开天辟地，死后身上的各种器官化为日月风云、山川河流、草木玉石。其他一些人类文明对世界的形成也有着不同的解释，这些远古传说比较相似的地方在于，世界被创造之前，地球总是混沌不明的。

那么从科学的角度看，宇宙之初，我们赖以生存的地球究竟是怎样的光景？

如果说“年龄”为46亿年的地球现在正处于盛年，那么它蒙昧的童年时期则是从诞生到距今38亿年前，在近8亿年的时

盘古开天辟地

间里，地球这个“孩童”历尽艰险，在动荡不安中渐渐走向稳定成熟，最终为生命的出现奠定了基础。

伴随初生的太阳，于虚空中，地球从太阳诞生的“余料”气体云等星际尘埃里渐渐成形，电磁力和引力的作用让那些微小颗粒组成的星子碰撞、聚集到一起，形成了最初始的地球。与此同时，碰撞使得星子内部的放射性物质不断释放能量，使初始地球产生了灼热的高温。

这段时期，处于熔融状态的地球就像个巨大的“炼丹炉”，冶炼着各种元素物质，类似盘古故事里重浊者下沉为地、清轻者上浮为天，高热使铁、镍等较重的元素凝聚成了地球的核心，而较轻的物质或上升成为地球的外层，或被汽化、蒸发和被太阳风吹走了。这样的“分化”过程演化到后来，就是我们熟知的构成地球的三个层次——地核、地幔、地壳。

“新生儿”地球的情况极不稳定，岩浆沸腾、气体蒸腾、对流剧烈，这时的地球还未被塑成一个规则的球形，更危险的情况在未知中等待着它。

一颗跟火星差不多大、后来被命名为“忒伊亚”的行星，猛然撞上了刚出生不到一亿年的地球。嘭！地壳飞溅，岩浆迸裂，属于地球的大量物质被撞飞到了太空，消散的行星“忒伊亚”也化为了地球的一部分。科学猜想中的这次大碰撞带给远古地球很大的影响，并让它朝着对生命来说更适宜的方向发展下去。

可是地球的磨难远未结束。

那时太阳系内围绕太阳运行的零碎星体和小行星数不胜数，包括地球在内的行星遭受了一段枪林弹雨般的“狂暴轰击时期”，历经数十亿年的地质演变，地球上已很难再寻到那时的痕迹，如今月球上能被人类观察到的密布的陨石坑，就是太阳系初期混乱、黑暗又狂暴的证明。

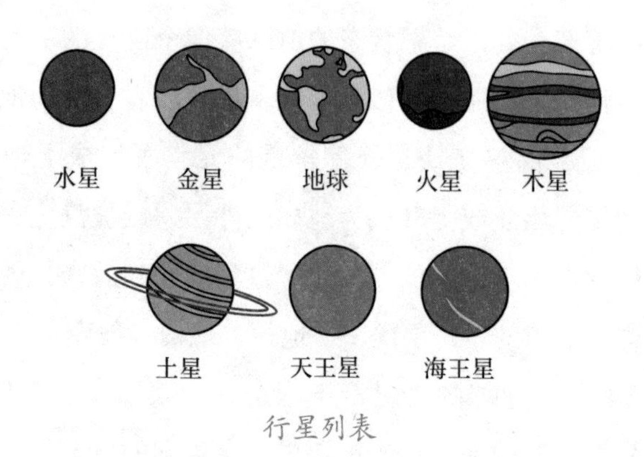

行星列表

经过了最初的大乱战，太阳系内小行星的数量减少了很多，但撞击一直断断续续，近39亿年前，地球还曾被“轰击”过一段时间。

再后来，太阳系内行星的运转逐渐走向稳定，地球在大环境的影响下，温度慢慢冷却，只不过这时的地球火山喷发、地壳活动依然强烈，从地球内部释放出的气体里并没有氧气，厌氧菌和简单的有机化合物开始出现，但后来疯狂扩张的蓝藻制造了越来越多的氧气，地球古生物却适应不了“有毒”的氧气，导致了物种大灭绝。人类的诞生，就从这几十亿年前的异变里现出了曙光。

在地质学上，把地球从最开始形成到38亿年前的这段时期称为“冥古宙”，它指的是比最古老的检测年龄为38亿年的岩石更远古的那段时期。冥古宙能够进一步细分为隐生

代、盆地群代、酒海纪和雨神代，内太阳系大规模撞击事件的结束，是冥古宙的终点。

冥古宙的英文名称是“Hadean”，意为“冥界”或“地狱”，那段时期地球有22000个或更多直径20千米以上的撞击坑，再加上暗无天日的火山喷发、熔岩横流，让地球看起来非常可怖，那样的地球没有生命，没有海洋，没有阳光，是可怕的黑暗时代。由于年代太过久远，地球上冥古宙的印迹非常少，另外测量方式也各不相同，所以大撞击理论目前仍是备受争议的，地球诞生的谜团仍未全部解开。

2. 生命之源，来自天外

如今的地球，物种繁盛，万物峥嵘，不过稍微有一点化学常识的人都明白，构成这个多姿多彩的世界的基础就是118种化学元素，其中94种元素大自然本来就有，剩余的都是人工合成的。也就是说，地球生命的基本构成都来源于自然元素。那么，自然元素又是从何而来的呢？

从太空来，从宇宙大爆炸和第一代恒星爆炸而来。

是的，当你在日常的工作、休息之余，偶尔抬头瞥一眼看不到几颗星星的天空时，有没有想过，星空如同对你一呼一吸的回应，你跟遥远、古老的宇宙之间的联系竟是如此紧密。

科学家们论证，在138亿年前，宇宙大爆炸后最初的三分钟内，氢、氦还有极少量的锂元素就自然形成了，氢元素和氦元素的占比大约分别为75%与25%，这跟后来人们探测到的宇宙中这三种元素的含量大致相符，也从侧面印证了宇宙大爆炸的猜想。

氢、氦、锂，元素周期表上最靠前的三元素由此产生，虽然占比大，但质量轻、惰性强的氦很容易挣脱地球的引力散逸出去，所以在今天的地球上，氦跟最初的含量相比已大大减少，成了稀有气体，非常珍贵。

宇宙大爆炸初期，质子和中子在高温下进行了“原初核合成”或“大爆炸核合成”的反应，这种极其快速的反应产出了三元素，大爆炸后，浩渺的宇宙中弥漫着氢原子与氦原子，最初的高温也逐渐降了下来。

5亿年过去了，有些非凡的变化发生了。

寂静的宇宙空间中，氢氦两种原子在引力作用下凝聚成了初始宇宙中的第一代恒星，这些巨大的恒星在核聚变的作用下，氢聚变成氦，氦聚变并释放了锂、铍、硼、碳、氮、氧等元素，新元素由此在宇宙中越来越多地出现，似乎预示着从一到无穷、充满希望的繁荣远景。

不过，第一代恒星依据其质量大小有不同的结局——大致来说，质量在10到40太阳质量的恒星会产生超新星爆发，质量在40到140太阳质量的恒星会直接坍缩为黑洞，质量大于140太阳质量而小于260太阳质量的恒星会以正负电子对不稳定超新星(Pair-instability Supernovae, PISN)的形式向周围抛射出金属，质量比260太阳质量更大的恒星又会直接坍缩为黑洞。

恒星燃烧和爆炸的情景极为壮观，并且质量越大的恒星，燃烧得越剧烈，寿命也越短。初始恒星爆炸产生的星云孕育着新恒星，星云富含多样的元素，静静等待着全新的结合、重组，迎来新生命。

宇宙大爆炸80多亿年后，在太阳系形成、也即太阳诞生之前，这样的情景在如今太阳系的位置上演。第一代恒星燃烧形成的超新星爆发给予了太阳新生，也为日后地球的生长提供了一切元素。死亡和新生，寂寥与丰富，在漫长的时间和广阔的空间里相互转化，生命的奥秘实在奇妙。

这万物演化的美妙诚如美国天文学家卡尔·萨根所言——存在于人类基因里的氮元素、骨骼里的钙元素、血液中的铁元素以及食物里的碳元素等等，都是宇宙大爆炸时候的星星消散以后再组的。所以有种说法是，人类是星星的孩子。

用浪漫的说法来讲述人类与宇宙的关系，那就是每个人都是星辰，而褪去想象和情感来说，我们人类不过是宇宙核爆后剩下的边角料，可即便如此渺小轻微，生命依然是让人惊叹的奇迹，是和宇宙的存在一样的奇迹。

小贴士

在现代宇宙学中，宇宙大爆炸理论是目前为止最具影响力也最被认可的理论，大量的观测事实，比如哈勃望远镜发现的宇宙膨胀、科学家观察到的红移现象和宇宙微波背景辐射，不断印证着这个猜想。但该理论仍然存在一些不能解释的问题，例如，大爆炸由奇点处爆发，那么奇点之前是什么？所以，除了宇宙大爆炸理论，还存在着其他假说，比如稳恒态宇宙理论、牛顿的静态宇宙论、爱因斯坦的静态宇宙模型等，还有神创论、平行宇宙、虚拟宇宙、循环宇宙理论，等等。

生命的起源跟宇宙的起源密切相关，而宇宙大爆炸理论在天文学历史上有着不容忽视的重大意义，但它并非不容置疑，这正是科学探索的魅力所在。

3. 坐地日行八万里

如果把地球想象成一辆南瓜马车，而你是车上唯一的乘客，那么安然坐在车里没有移动过的你，透过车窗，会看到车子在空中绕着太阳飞速奔跑，同时，圆圆的车身也在滴溜溜地自行旋转，窗外的太阳有规律地升起和落下，马车看起来非常忙碌，一刻不停歇。

这就是地球同时进行公转和自转的情景，若从距太阳系稍远的角度观看，地球这颗小小的蓝色球体在空中上下飞舞转着圈，异常活跃，而它的转动给地球上的生命带来的影响却不可估量——太阳的远近变化、春夏秋冬四个季节的更替，是非常明显的公转结果；昼与夜的产生，则是地球自转的直接体现。最早在古希腊时期，便有学者想象过地球自转，早在战国时期，我国的《尸书》也曾说“天左舒，地右辟”，但是，因为人们感觉不到地球的自转，也没有证据证明它在转，所以长久以来，这些说法都被忽略了。

直到16世纪，哥白尼提出了“日心说”，阐明地球是围绕太阳公转的，同时他的理论还表明地球在做自转运动。又过了很多年，经过科学家们不断地观测与验证，社会主流渐渐认可了该理论，地球不间断地公转和自转成了基本常识。

那么，地球为什么会自转？这个看起来跟人为什么会呼吸一样简单的问题，研究起来却没那么容易，就连发现了万有引力定律的牛顿都被难到了。如今最常见的一种解释是，太阳系诞生时，碰撞、凝聚成形中的星体因角动量守恒而产生了旋转，这就是地球自转的开始。

现在，地球自转一圈用时23小时56分4秒，最快的自转线速度是在赤道，达到了每分钟约2.8千米，我们每天坐卧行走的同时，又以超音

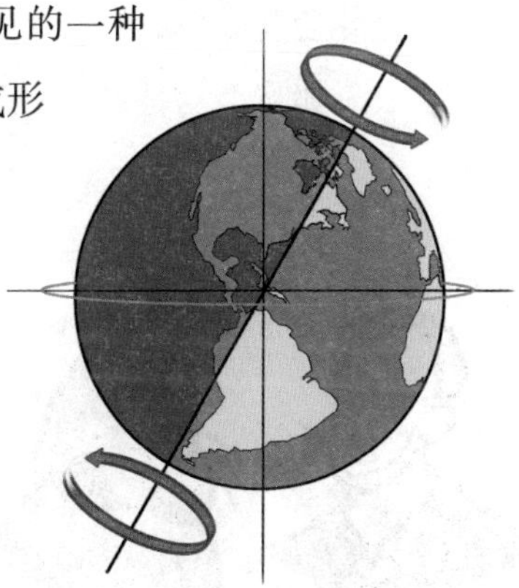

地球的转动

速飞机的超高速度在宇宙中运动着，这是多么奇幻而美丽，所以诗人才会漫想“坐地日行八万里，巡天遥看一千河”。

基于地球自转的平均时长，人类有了“天”的概念，但你可能不知道的是，从地球诞生到现在，一天的时长是在不断变化的，并且在一年之中，每一天的长短其实也是不一样的，有着极为微妙的改变。在6500万年前恐龙生活的时期，地球一天长约23个小时，100年前，地球自转也比如今自转的时长少了2毫秒，也就是说，现在地球的自转速度比以前要慢。

是谁拖慢了地球匆匆的脚步？科学家证明，最大的影响者是月亮，它对地球海洋产生的潮汐力，再加上地球自身的气候变化、地质活动，等等，最终导致了地球自转速度的微小变化，科学家们因此还要校正时间，统一全球的钟表计时，比如在2005年12月31日，所有的时钟全部多延长了1秒钟。

如果反向思考，万一地球突然停止自转，我们生活的这个世界会变成什么模样？

那将会对地球生命造成毁灭性的摧残，大气层由于仍保持着高速惯性，会立刻变成时速1000多千米的狂烈风暴，席卷全球的风暴必将摧毁几乎一切生命和物体，人自然也会由于惯性以超音速被急速甩出，那样可怕的后果可想而知。如果地球不再自转，那么昼夜长度将发生变化，很多地方的白天将持续半年，紧接着

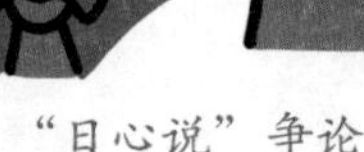

“日心说”争论

迎来长达半年的黑夜……

当然，这样的情景发生的概率几乎为零，应该庆幸我们的地球以24小时为周期不疾不徐地转动着，人类适应了由分和秒组成的一天又一天。1秒钟，对以亿年为时间跨度的宇宙和地球来说都太过短促，但一个人生命里的每一秒都是弥足珍贵的，日常感觉不到的地球自转，就这样拨动着我们的生命之弦。

到底如何在地球上亲眼见证地球的自转？法国著名的物理学家莱昂·傅科（Léon Foucault，1819—1868）亲自进行了试验和验证。1852年，巴黎先贤祠里，傅科把一根长67米的钢索悬挂在高高的穹顶下，索下又坠了一颗28千克的铅锤。这个巨大的单摆经过了特殊处理，按照人们的常识，铅锤只会在一条直线上来回摆动，但由于地球的自转，实际上，这个单摆下面地面的移动，会让摆锤轨迹看起来呈一定角度的偏移。并且，单摆偏移的幅度还会因纬度而不同，在巴黎观测到的数据是每小时顺时针偏移约11度，而在赤道上不会发生偏移。

这个仪器就是当时验证地球自转最有力的证明——傅科摆，如今，全世界很多的天文馆、科技馆、博物馆都设置了傅科摆，用来普及和让人们更好地观察地球自转的现象。

4. 怎样成为占星师？

如果你生活在古代的西方，只是一介平民，虽然你不知道地球是圆的、地球围绕太阳转，但你一定会对天上的星星有着特别的了解。

那时，夜晚的大地沉寂又黑暗，没有现代的光污染和遮挡夜空的高大建筑，天上群星璀璨，在特定时期还能看到银河横跨整个天空。星星们的排布似乎有一定的规律，白发苍苍的祖母指着它们，手指一划，以黑暗的天空为画布，将星星连成线，绘出一个又一个人、兽、虫的模样。然后，在祖母给你讲述的神话故事中，星星组成的图案都“活”了过来。

祖母还能简单地告诉你，在你出生时，哪颗星大概在哪个位置，你是什么星座。星星之间的关系能影响国家大事、丰收与饥馑、战争与和平，当然也能决定一个人的命运走向，她又悄悄地说，那些神秘的未知的事情，占星师们都知道，他们上知天文下知地理，是很厉害的人。于是，对星空痴迷的你，想要成为一名占星师，也就是古代的一名天文学家。

于是你了解到，那些关于星星的故事是从数千年前的古巴比伦而来的，然后向古希腊、古罗马、印度和全世界传播，并糅合了古希腊、古罗马神话中的人物与元素，而这些故事建立的基础，其实是天上的“黄道十二宫”。

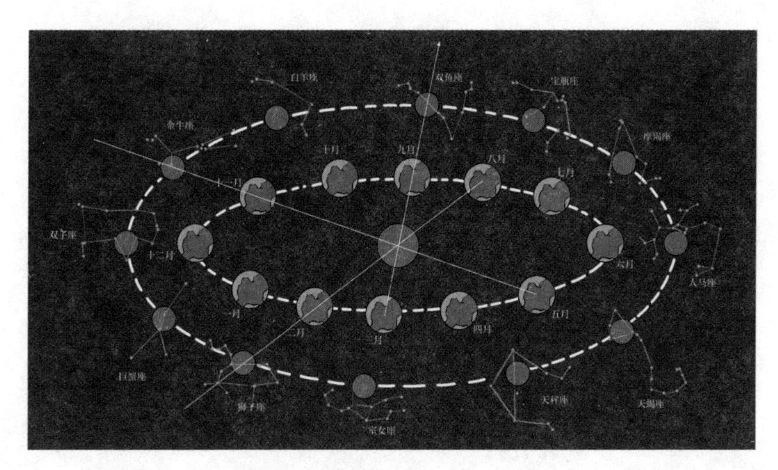

黄道十二星座

人类以地球为中心观察天空，太阳在一年的时间内会在天上“走过”一圈，太阳在一年内行走的路径就被称为黄道。古巴比伦人将黄道平均分成了12份，也叫作“十二宫”，每份是30度，刚好每宫内都有天上的一个星座。我们所熟知的十二星座——白羊座、金牛座、双子座、巨蟹座、狮子座、处女座、天秤座、天蝎座、射手座、摩羯座、水瓶座和双鱼座，其实正是占星学说的基础。

你会发现，十二星座的命名大多是动物，这是因为“黄道十二宫”的词源来自希腊文，是“动物园”的意思。

在古希腊天文体系中，目之所及的天空共被分为48个星座，在划分好天上的区域以后，作为占星师，你需要仔细地观察记录太阳、月亮、金木水火土五大行星，以及一些重要的恒星在经过黄道十二宫时的具体位置。古代占星师根据一个人出生时日月和五大行星运行到相应星座的位置是如何变化的，来预测这个人的性格、情感、事业等。

所以，古代无论是中国还是西方，天体的运行对地上的人们都特别重要，早期的天文学家也兼职占星师，根据星象为国家占卜和预言，不同于中国的是，西方占星没有被统治阶级垄断，为个人占星也很盛行。古代西方很有名气的那些天文学家如托勒密、第谷、开普勒等其实也都身兼占星师，尤其是发明了“地心说”精密模型，其宇宙观影响了西方一千多年的托勒密，他所著的《占星四书》中的专业理论知识和占星词汇一直流传至今。

哥白尼“日心说”横空出世前后，天文学与占星学逐渐分裂为完全不同的门类，一个重要的事实是，天文学上的星座与占星中的星座性质是不一样的。还有，在15—17世纪大航海时代到来后，南方天空的星座也被一一命名，它们的名字更具生活气息，罗盘、显微镜、船底……都到天上去了。

天文学意义上的星座划分和命名一直相当混乱，到了20世纪20年代，国际天文联合会制定了统一的标准，确定了88个星座的分区与命名体系，科学家对宇宙的研究也在不断地发展之中。但占星学还沿用着自古以来的十二星座，在现代，占星更是被认定为伪科学，与天文学彻底分道扬镳了。

黄道十二宫的十二星座源于天文学，远在古希腊时期，星空中的星座位置与占星星座差不多是重合的，但它们并不完全相同，比如天文学中没有“水瓶座、处女座、射手座”之称，规范的名称是宝瓶座、室女座、人马座，更为不同的是，在天文学中，黄道上还有“第十三个星座”——蛇夫座。

在古代划定黄道十二宫时已经有了蛇夫座的名称，但它在黄道上所占位置太小，再加上十二宫跟人类社会的十二个月、季节的均等划分切合，蛇夫座在占星学里便没有了地位。到了近现代，88个星座被划定位置后，与两千年前不同的是，原来以白羊宫为春分点起点的黄道十二宫，因为岁差原因，春分点已移位到双鱼宫，并且蛇夫座在黄道的位置也扩大了很多。虽然有一定争议，但这些变化最终并未影响占星学沿袭历史悠久的黄道十二宫。

5. 残酷的“地”“日”中心之争

从公元2世纪到16世纪，人们对地球和宇宙的根本认识基于托勒密的“地心说”，它的模型相当缜密，天体轨迹运算复杂，加上亚里士多德的哲学理论支持和宗教因素的强势影响，

"地心说"犹如熊熊炬火燃烧了一千多年，支撑着人们基本的世界观念，为天文学和物理学的早期认知铺垫了道路。

不过，随着科学的发展，这白昼般的炬火之下，有一小簇火苗如星星之火燃了起来——它就是哥白尼"日心说"理论。

哥白尼在1543年即将逝世的时候出版了巨著《天体运行论》，这本书是他对自己几十年前所作的《试论天体运行假说》的进一步探究。哥白尼的理论认为太阳才是宇宙的中心，而地球在自转的同时，还同别的行星一样绕着太阳转。在这本书中，哥白尼运用专业的计算验证了自己的学说，无论是精确度还是简洁度，都超越了托勒密的"地心说"。

"日心说"的火焰被点燃，它看起来更为明亮耀眼，但也灼痛了"地心说"拥护者的眼睛，驳斥与打击接连而来，过于领先的学说也很少被常人接纳，这团火焰的阴影反而显得更加浓重。聪明的哥白尼为了自保，借"假说"之名公开理论，并且到生命的最后一刻才出版巨作，但越来越多人注意到了它的光明，被它吸引并进行研究。

只是，这段路程非常坎坷。1600年，意大利的布鲁诺因狂热宣传"日心说"，被宗教裁判所判处火刑，于罗马鲜花广场被烧死。教廷后来下达了更多的禁令和惩罚，哥白尼的《天体运行论》随之被定为禁书，其中的理论遭到严厉批判。"日心说"的火苗变得微弱，但它潜在的力量仍在蓄积。

一位热衷于仰望夜空的人和一位埋头纸堆计算的人，为"日心说"添柴加火，让它燃烧得更旺了，前者是意大利的伽利略，后者是德国的开普勒。伽利略在望远镜刚被发明出来的时候，自制了倍数更高的望远镜，他整夜整夜地观察月亮和几大行星，发现了不曾被解密的天文现象。伽利略看到了木星的卫星，第一次认识到金星发生的圆缺变化，所有这些与“地心说”完全不符，但符合“日心说”的原理，从侧面证明了“日心说”的正确。

至于开普勒，他运用详尽的天文数据，结合“日心说”理论，推算出了行星运行的定律，世人终于明白了太阳也并不是跟哥白尼预测的那样位于圆心，它其实处在地球公转的椭圆轨道的一个焦点上。他还得出了行星与太阳距离的计算方法。

真理如星火燎原，让越来越多的人接受了“日心说”，气急败坏的教廷发起反击，判处伽利略终身软禁，直至他1642年去世，还查封了他的著作。两股力量在激烈地碰撞对抗，直到一个百年不遇的奇才出现，才彻底解决了“日心说”理论尚存疑虑的地方。

这位高举“真理火炬”的伟人叫牛顿，在他1687年出版的《自然哲学的数学原理》一书中，他证明了万有引力的存在，提出了力学三定律，使天地万物的运行在世人眼中都变得“规矩”起来，更不用

哥白尼雕像

说地球绕太阳如何运转这件事了。他的理论更由此奠定了天体力学的基础，使天文学的研究步入了全新的阶段。

“地心说”从此在人们的生活中渐行渐远，追求真理的科学精神不畏艰辛地获得了最终的胜利。

尼古拉·哥白尼（Nicolaus Copernicus，1473—1543）出生于波兰，在他著名的天文伟业之外，他的身份其实是一名神父，他还获得过教会博士的学位，所以哥白尼的日常工作其实是牧师兼医生（没错，他还学过医）。哥白尼年幼丧父后由舅舅抚养，学成之后，他一直从事着教会相关的事务，除了天文学领域，他还算得上是一位经济学家，提出过“劣币驱逐良币”、货币量化等理论，曾为货币改革提过建议。此外，博学多才的哥白尼还精通多国语言，翻译过书籍。

工作之余，出于从大学时期就对天文学产生的浓厚兴趣，哥白尼花费很大精力研究了许多相关资料，他不断深入思考验证，否定了“地心说”。在他所著的《天体运行论》一书的序言中，作者不断宣称自己的理论是荒谬的，但序言并非哥白尼本人所写，他对“日心说”一直持坚定的态度。

6. 星辰大海，无畏征途

在人们喋喋不休地争论“天上的问题”，排布太阳系内几大天体的位置时，“地上的问题”也提了出来，那就是，要如何证明地球是圆的。

早在公元前6世纪，古希腊人就已经了解到地球为圆形，毕达哥拉斯首次提出了大地是球体的概念，后来亚里士多德用观察到的三个现象做了进一步证明，比如越往北方去，北极星位置越高，往南去却越低；由远及近的船只，在地平线上先露出桅杆，然后露出船身；月食时投射在月亮上的地球本影边缘是圆弧。

可是有一个头疼的问题困扰了哲学家、科学家和民众上千年：如果地球是圆的，那么在下球面上的人为什么没掉下去？普通人可能因此对地球是圆形的说法半信半疑，反正不影响生活，就随它去吧，但对航海家来说，他们需要相信这个说法来拓展航路。

15世纪的欧洲，海上贸易飞速发展，一个又一个国家凭借航海技术在海外开疆拓土、强势崛起，“大航海时代”到来了。

每一次的航海探险都会有新的地理发现，世界地图也由此一次次被修正，探险家们基于地球是圆形的理论，猜测向西应该也可以到达亚洲的印度和中国，但他们没想到，地球比预想中要大得多，已有的地图数据错漏百出、误差很大，但刻印在航海家们信念中的探险精神将鼓舞他们去克服一切艰难险阻。

1492年8月3日是意大利热那亚人哥伦布起航的日子，他在西班牙王室的资助下开始了想象中的环球远航。根据旧地图的标识，他坚信自己会到达印度，而他，在用掉比预计更长的时间后，确实抵达了一片大陆，只不过这片新大陆后来被证实是美洲，哥伦布并没有完成期待的环球航行，这项艰苦卓绝的任务直到二十多年后才得以实现。

一个失意的葡萄牙航海家来到了西班牙，再次寻求资助者帮助他实施他的航海计划，他就是费尔南多·德·麦哲伦（Ferdinand de Magellan，1480—1521）。终于，在1519年9月20日，他带领由5艘船、近270人组成的队伍正式起航。

麦哲伦航海经验丰富，此时的世界地图也得以修正，根据地图，他带队穿越美洲后

麦哲伦船队

会经过一片海域，然后就能回家，但出发时的麦哲伦不会想到，这趟人类历史上的首次环球之旅竟然用了整整三年。

船队复杂的人员成分、船员叛乱、船只叛逃、船体损坏、食物短缺、坏血病、风暴、无际无涯又陌生的大海……都在考验着麦哲伦，但是他并不畏惧这些，最终在经历诸多困苦后，他们来到了亚洲的菲律宾群岛。

这时的麦哲伦无疑非常高兴，他在星空的指引下，用船只绕行了地球一周，为全人类证实了“地圆说”，可他的旅途却突然止步于此了。

麦哲伦因为冒险加入了当地部落间的斗争被杀害，最后他的船队是在其他船员的带领下于1522年9月6日回到西班牙的，此时，历经磨难的船队只剩下1艘船和18名船员。

麦哲伦的环球航行成功了，这次的航海大发现意义非凡，地球的形状大小、各大洲的远近、海岸线的轮廓，等等，都更加清晰明了，由此带来的政治、经济、文化上的互通有无也影响了世界格局。

在麦哲伦环球航行完成五六十年以后，来自英国的弗朗西斯·德雷克才完成了历史上的第二次环球航行。后来经过许多航海家的牺牲与探索，大洋洲、北极和南极等未知之地逐一被揭开面纱，地球上人类的联系也越发紧密起来。

在环球航行途中，因为麦哲伦突然去世，带领船队驾驶“维多利亚”号回到西班牙的胡安·塞巴斯蒂安·埃尔卡诺(Juan Sebastián Elcano，1486—1526)，被认定为第一个完成环球航行的人，他受到了热烈欢迎和政府表彰。埃尔卡诺是麦哲伦船队中一艘船的船长，在最初船队里3艘船叛变时，埃尔卡诺也在其中，不过叛乱平定后他跟大部分反叛者一样得到了麦哲伦的原谅。

而麦哲伦的仆人恩里克是多年前麦哲伦从马六甲带到欧洲的，当船队航行到菲律宾群岛时，恩里克用马来语跟当地人进行了直接交流，这让麦哲伦明确了船队所处位置，在他看来，环球之旅也即将成功。所以从某种意义上来说，恩里克也可以算是第一个完成环球航行的人，只是他的身份过于卑微，最后下落不明，在人们眼中也就没那么重要了。

7. 传奇师徒的大突破

哥白尼的“日心说”传播开来后，在引起震动的同时，该理论中一些不完美的地方也亟待被修正。这时，一对各有所长的师徒组合，即将登上历史舞台，拉开“日心说”真相的大幕，最终在人们的崇敬中点破天体运行的机密。

这对有名的师徒组合就是第谷·布拉赫（Tycho Brahe，1546—1601）跟约翰内斯·开普勒（Johannes Kepler，1571—1630）。依照他俩鲜明的特点，姑且称二人为“千里眼”跟“最强大脑”吧。

“千里眼”第谷是丹麦贵族，他性格怪僻，痴迷于天文学，青年时期他就在天文领域闯出了名气。为了更好地研究天体，他与世隔绝，在丹麦国王所赐的一座小岛上一住就是21年，他在国王资助下建起的“观天堡”天文台也极为雄伟。天文台的观测仪器由第谷亲自设计制作，他用这些或许是当时世界上最先进的天文仪器，记录下持续数十年之久、堪称当时最为精确的天体运行数据。

但擅长观星研究天空奥秘的第谷，对哥白尼的“日心说”并不信任，他有着自己的一套介于托勒密和哥白尼理论之间的折中理论——“第谷模型”，即太阳和月亮围绕地球转，其他行星则围绕太阳转。他对此深信不疑，但是在理论上，根据记录的天体数据，第谷算不出与模型相符的验证公式。

弥补他这一缺陷的“最强大脑”开普勒，凭着在数学方面的过人天才，从一个几乎无人知晓的普通教师，成为大师第谷的助手和学生。

开普勒因身体原因，视力很不好，不能观测星空，但这并不影响他的计算能力，不过他跟第谷相处得并不好。首先，开普勒其实对哥白尼的理论深信不疑，他需要去亲自检验和证实这一理论；其次，第谷视自己好不容易得来的数据如珍宝，防备着有才能的开普勒。

直到第谷临去世时，那些珍贵的资料才递到了被寄予厚望的开普勒手中。有了一手数据，再加上聪慧的大脑和辛苦的劳动，奇迹即将发生。

一开始，开普勒抱着行星绕太阳运行的轨道为正圆形的宗教执念，耗费了很多精力也没找出规律来。他大学读的是神学专业，相信上帝的神圣与完美，但在事实面前，他必须相信观测数据，艰难地改变着自己的固有观念。

第谷在生命的最后时期曾让开普勒注意火星不一般的运行轨迹，由数据推理论证，开普勒得出了一个再次改变世界的定律：行星围绕太阳运行的轨道是椭圆形的，太阳正位于这个椭圆的一个焦点位置。这一结论便是开普勒第一定律。

1609年开普勒还不到40岁，他出版了《新天文学》一书，除了关于行星的第一定律，他又添加了计算出的第二定律，即在相同时间内任一行星运行时与太阳的连线扫过的面积是相等的。这两大定律简洁而优美，极大修正了哥白尼的理论，让“日心说”走向了圆满。

此后十年，颠沛流离、饱经忧患的开普勒，经历了战争、妻儿病亡、失去工作等磨难，可他仍没有放弃与天文相关的运算。开普勒在1619年出版了《世界的和谐》一书，其中公布了他得出的第三定律，即行星公转周期的平方与这一行星到太阳距离的立方成正比。这个定律的问世更加奠定了开普勒的至高地位。

第谷观测天文

开普勒凭一己之力得出行星运行三大定律，使他被后人称为“天空立法者”，如此美名无愧于他的天才和付出，他的理论让星空在渺小的人类面前展现了有迹可循的规律性，变得不再那么神秘。

第谷与开普勒的各自探索与相互成就，结出了天文史上的累累硕果，影响了整个世界以及天文学，成为人类永恒的财富。

在特立独行的第谷身上，最让人印象深刻的，大概就是他的金属鼻子了。年轻时他因为与一位丹麦贵族争执数学问题，最后引发了二人之间的决斗，第谷被削去了部分鼻子，从此他便用金银等金属制作了一个假鼻子天天戴着。

第谷的死也是一个谜，他在皇家的酒席上出于礼仪原因，忍着不去上厕所导致身体出了严重问题，并最终引发死亡，但关于他的死亡也有一些阴谋论、中毒论的说法，让真相扑朔迷离。在天文领域，第谷是个幸运的观星人，1572年11月11日，夜空多了颗明亮的星星，中国明朝的天文官明确记录了这一现象，欧洲的第谷也注意到了这颗星，并研究了它一年多，他还在1573年根据观察结果发表了专业论文《论新星》。那是历史上为数不多的被观察到的超新星爆发，后来它被命名为“第谷超新星”。

8. 万有引力，万物铁律

扔一颗石子，它会掉落到地上；将球踢飞，最后它也会落回地面。生活中每天都在发生这样微不足道的小事。再比如，当你看到一颗成熟的苹果从树上掉落在地上，会有什么想法？会寻根究底吗？大概跟绝大多数人一样，你只会视而不见地从旁边走过。

三百多年前，有一个英国乡下的年轻人却对这颗落地的苹果产生了疑问——它为什么向下落而不是向上飞？什么原因让它必须向下落？如果它被从很高的地方用特别大的力气抛出去会怎样？

一个被前人忽略或者说想不明白的巨大隐秘被这个爱思考的年轻人发现了，他就是23岁的艾萨克·牛顿（Isaac Newton，1643—1727），连同那颗小小的苹果，也成了这个科学故事里的重要角色。

在牛顿之前，哥白尼、伽利略、开普勒等将人们对宇宙和自然的认识进行了颠覆，科学家们在观测数据和理论的基础上，寻求着更多的新发现，比如对地球的重力、地日距离与引力的关系等做了相关研究，英国皇家学会的重要成员胡克第一个提出名词“万有引力”，但相关理论都没得到验证，更遑论成系统的理论体系。

直到1666年，一颗苹果的落地，引起了到家乡小镇伍尔索普躲避瘟疫的牛顿的注意。牛顿意识到让苹果落地的是地球对它的引力，他继续论证引力大小跟物体的质量、物体之间距离的关系，又验证出，如果这颗苹果在高空中以一定的高速被抛出，它将会围绕地球做运动而不再掉落，那它，不正是天上的月亮吗？这说明地月之间也存在相应的引力作用。

牛顿将这种力推及开来：要是再往比月球更远的地方探寻呢？类似的相互吸引的力在宇宙万物间普遍存在，他进一步计算得出，两物体间引力的大小其实跟两者距离的平方成反比。

这个著名的公式被称为“万有引力定律”，从地上到天上，万物都逃不过这个简单的定律，有了它，天体之间的距离、远处天体的质量都能计算出来，并且从万有引力定律反推，又能印证开普勒定律的结果，比如他同样得出太阳位于地球椭圆轨道的一个焦点处。

万有引力定律的结果说明，天地万物的运动是有一定规律的，地上的所有物体都被它牢牢控制而不被地球的转动甩飞，天上的天体不再是无序的，更不是神秘的，相互之间的引力让天体们“乖乖地”待在自己的位置上，形成特定的运行轨道。无论是地球还是宇宙，一切都在万有引力的作用下变得清晰和稳定。

除此以外，牛顿对力的相互作用和力与速度、质量的关系都进行了深入研究，得出了三大运动定律。在1687年牛顿出版的知名著作《自然哲学的数学原理》中，他全面阐释了万有引

力定律和三大运动定律，说明了怎样从万物的运动现象得出引力，又以力解释了自然现象。

牛顿的相关理论不仅为经典力学奠定了基础，也成为现代天体力学的起源。牛顿在力学及其他领域，如光学、数学方面的成就，为这些领域开辟了全新局面，但其实他对自然科学的研究只是他学术生涯的一部分而已。

牛顿在他的回忆录中说：“我不知晓世人怎么看待我，可我只像一个在海边游戏的孩童，为自己时不时找到的美丽石子或贝壳而高兴，但对眼前伟大的真理之海毫无知觉。”或许，我们能从这只言片语中，感受到这位科学巨人对真理的热切追求，并受到鼓舞。

“牛顿的苹果”有许多传说，其中广为人知的说法是牛顿曾坐在苹果树下被掉落的苹果砸了脑袋，从而突发奇想发现了万有引力，其实在关于牛顿的传记中，他只是在散步时想到了苹果的落地与重力的关系，也许是看到苹果落地产生

了联想。不管怎样，位于英国伍尔索普庄园的那棵神奇的苹果树都成了一棵名树，剑桥大学和世界各地的多所大学纷纷移植和嫁接传说中的苹果树枝丫，以示对这位伟人的仰慕和尊敬。

如今著名的科技公司“苹果”，最开始设计的公司logo是一幅牛顿坐在苹果树下看书的绘画，也跟这个传说有关，只不过后来弃用了，苹果公司还曾开发过名为“牛顿”的操作系统和掌上电脑。在当代，“牛顿的苹果”几乎已成为一种文化现象，出现在诗歌、游戏、漫画、电视中，为人们津津乐道。

9. 望远，望更远

1609年，当帕多瓦大学教授伽利略在威尼斯闲逛，走进一家眼镜店时，人类对宇宙的认识注定将被他改变。

那时，荷兰人汉斯·利伯希发明的望远镜刚刚风靡，人们沉浸于通过这个新奇的小玩意儿看远处的人和物带来的惊喜。对天文学感兴趣的伽利略，则将他的望远镜望向了天空——人类的好奇心与探索欲一如既往地指引着那些渴望求知的心灵，并给予他们丰厚的回报。

为了更好地观察，伽利略自己改良了望远镜，把望远倍率提高了许多，甚至提高到30倍。通过观测，他对太阳系内的天体有了重大发现。

伽利略与天文望远镜

原来看起来光滑的月亮表面其实满是坑洼！木星周围原来有围着它转来转去的4颗卫星啊，所以不是所有天体都在围着太阳转，更不是围着地球转的！金星原来是像月亮一样会圆缺变化的啊，它的轨道位于地日之间，这又是“日心说”的明证，哥白尼是对的！

不止这些，伽利略还借助望远镜发现了土星环、太阳黑子，他的远望，带动了其他天文学家和爱好者进行观测，他的实证，更是将天文学带入了全新的境地。

伽利略在1610年把他用望远镜观测到的很多重要天文发现写成了很有影响力的《星际信使》一书。他因在天文学和物理学的伟大成就而赢得了“现代科学之父”的尊称。

此后，科学巨匠牛顿改进了大家常用的折射望远镜，发明反射望远镜，这一改变可以让望远镜突破之前口径的限制，天文学家们能够制作出更大的望远镜，发现宇宙深空无数新的恒星、行星、星云与其他天文现象。

科技不断进步，如折射望远镜、反射望远镜、折反望远镜等一类的光学望远镜逐渐变成了天文观测的必需仪器，那么，除了利用光学望远镜观测天空，还有什么别的办法吗？

仙女星系

当然有。1932年，美国无线电工程师卡尔·央斯基在工作中意外接收到了来自银河系的电波辐射，证实了此前科学家们推测天体会放射电波的猜想，这就是射电望远镜诞生的缘由。射电望远镜能够观测到光学望远镜观测不到的地方，比如用射电望远镜发现了脉冲星、宇宙微波背景辐射，等等，突破了人类对宇宙的认知。

凝聚了我国无数科研工作者心血建成的“中国天眼”（FAST）望远镜，是目前世界上最大、最灵敏的单口径射电望远镜，它的口径达500米，相信它定会为我国以及国际天文学家们探索宇宙奥秘提供有力支持。

位于地球上的望远镜虽然在不断发展，但因为受大气等干扰较多，科学家们开始研发太空望远镜，第一台发射升空且运行在地球轨道上的最著名的望远镜，就是美国1990年发射的哈勃空间望远镜，三十年来它拍摄的宇宙星空图片让人们一次次惊叹，尤其是哈勃超深空视场，是人类所能获取的最敏锐的太空光学影像之一，并且它也不断用天文发现延伸着宇宙边界。

哈勃空间望远镜

2021年12月25日，数次被延迟发射的詹姆斯·韦伯太空望远镜终于升空，它的镜面主要由18块大小相同的镀金正六边形组成，它位于地球第二拉格朗日点上且距地150万千米，是一台要接替超龄服役的哈勃望远镜的非常先进的红外望远镜。而预计于2023年发射的巡天空间望远镜，将是我国第一台地外空间大型天文望远镜，那时它一定如一双慧眼，带来天空更多的神奇讯息。

哈勃望远镜的名称源于美国知名天文学家埃德温·哈勃（Edwin Hubble，1889年—1953）。哈勃的重要发现在于揭示了“造父变星”的特性，以此为基础才能最终确认银河系外

的“仙女星系”与地球的距离。他开创了星系天文学这门学科。此外，他还测量出银河系外许多星系在飞速倒退，也就是“红移现象”，证实了宇宙膨胀理论。

作为天文学家的哈勃因望远镜而让人记住了他的名字，更有意思的是，哈勃年轻时还是个英俊、健美、聪明的运动健将，曾在中学的田径运动会上一口气赢得了撑竿跳、铅球、铁饼、链球、立定跳高、助跑跳高和接力赛7个项目的冠军，哈勃还特别擅长棒球、足球、篮球等球类运动，他获得博士学位前还在学校当过篮球教练。后来哈勃任职于威尔逊山天文台，短时间内就在天文学领域获得了非凡成就。

10. “旅行者”不再来

人们通过不同种类的天文望远镜在“展望”宇宙远景时，也制造了多种多样的探测仪器飞到天上、飞出地球、飞到太阳系的其他行星去探索，毕竟，眼见为实，探测器身临其境探测到的东西，对我们认识宇宙太有用了，甚至能颠覆旧有的认知，打开认识宇宙新世界的大门。

在这些成果丰硕的探测器之中，“旅行者1号”和“旅行者2号”这对“双胞胎”探测器尤为特别。

这两个探测器的制造来源于一个百年难得一遇的重大机遇——每176年才有一次的行星几何排列，只有那时，地外行星刚好排在太阳同一侧且间距较近，探测器能够利用木星巨大的引力，以特定路径在10年内到达想要探测的木星、土星、天王星和海王星，然后飞出太阳系。这是史无前例也不容错过的机会，对于探测器来说，更是一条无法回头的路。

这一次，只有抓住机会在1976年至1978年发射探测器，才能用比原来少几十年的时间让探测器最快实现探测目的。得知这个消息的NASA（美国航空航天局）改变了此前的探测计划，开始着手安排新探测器升空。

1977年夏秋之交，在美国佛罗里达州卡纳维拉尔角的发射台上，被命名为“旅行者1号”“旅行者2号”的两台载着人类与地球信息“金唱片”的无人探测器，分别于9月5日、8月20日发射升空。如你所见，“旅行者2号”其实比“旅行者1号”更早发射。

根据不同路径，“旅行者1号”的行程会比“旅行者2号”更短，它将先到达木星，“旅行者2号”则需要用更多时间去探测天王星和海王星，提前发射才能抵达最佳轨道。

两枚探测器的探索之旅就此开始了，这也是人类历史上一次未知又充满期待的探索之旅。

“旅行者1号”“旅行者2号”在1979年3月5日与7月9日先后到达了它们距木星最近的位置；到了1980年11月12日及1981年8月25日，“旅行者1号”“旅行者2号”又先后拜访了土星；后来“旅行者2号”于1986年1月、1989年8月，越过了天王星、海王星两大距日最远的巨行星；2004年12月，“旅行者1号”终于到达日鞘边界，在2012年8月进入了可能的星际空间，目前它已经是距离地球最远的人造物体；2025年，它们将耗尽电量，关闭全部仪器，漫游在太空中……

300年后，理论上，“旅行者1号”将到达奥尔特星云，4万年后，两个探测器将接近太阳的比邻星。

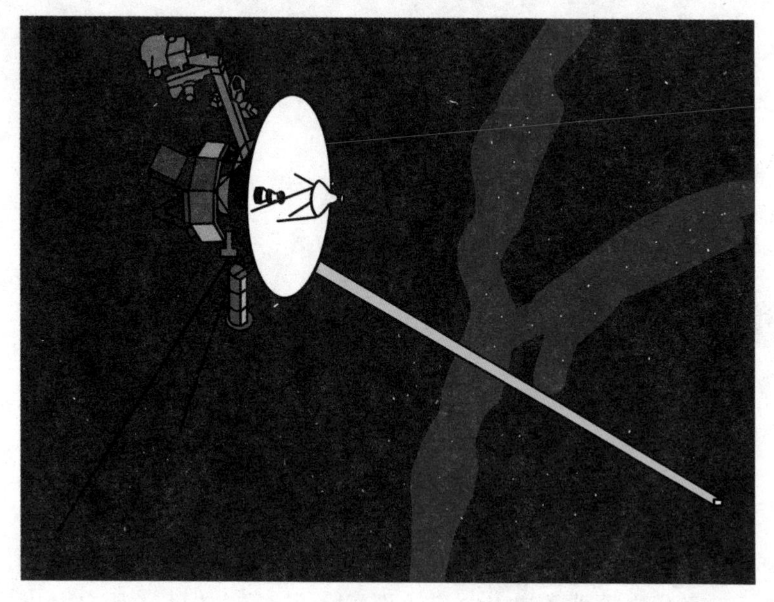

旅行者1号

“旅行者1号”“旅行者2号”在飞越和探测木星、土星、天王星、海王星4颗巨行星时曾拍摄了许多高清照片，回传到地球后，科学家们合成与研究这些照片，有了许多新发现。

比如科学家们惊喜地发现，木星其实有着一条微弱的环带，探测器还拍到了木卫一“艾奥”上面火山爆发的地质活动；在土星环之间清楚找到了新缝隙；对于天王星和海王星这两颗距离地球过远的行星来说，人类对它们了解得太少了，“旅行者2号”成为第一个造访天王星和海王星的人造航天器，“旅行者2号”新发现了11颗天王星的卫星，还看到了海王星表面那由狂暴飓风形成的“大黑斑”。

当然，两颗探测器发现的远不止上述内容，这些新发现足以重塑人类对太阳系的认知。存在争议的是，“旅行者1号”到目前为止究竟有没有离开人类所谓的太阳系，因为从理论上来说太阳系的范围还有待确定，宇宙茫茫无际，仅太阳系的范围也许就会比我们想象中的大很多。

1990年2月14日当天，“旅行者1号”拍下后来被人们称为“太阳系全家福”与“暗淡蓝点”的照片后便永不回头地继续向前了，它和“旅行者2号”“注定，也许永远会漫游在银河系中”。

在“旅行者号”之前，必然有“前辈”探测器的贡献来指引它们前行，比如“先驱者10号”。1972年3月2日发射的“先驱者10号”仅探测器就有258公斤重，该探测器主要用来研究木星以及宇宙射线、太阳风等外太阳系的一些空间特性，再如1973年发射的“先驱者11号”，任务与“先驱者10号”一样，它们都携带着一块标注了地球在银河系位置的镀金铝板，以与可能存在的其他智慧生物沟通。

"先驱者10号"是人类史上首个安全通过火星、木星之间的小行星带到达木星的人造航天器，1983年6月13日，它飞越海王星，成了离地球最远的人造物体，直到1998年2月17日，它优秀的"后辈""旅行者1号"超过了它。

11. 新理论，新宇宙

牛顿三大定律和万有引力定律问世后，在长达近300年的时间里，天文学家们持续发现了许多关于宇宙的奥秘，比如太阳系内其他行星天王星、海王星、冥王星[①]的存在，又如不断找到新的星云、星系、双星、变星，等等。在牛顿和后继科学家们日益完善的理论下，人们欣然享受着这个在定律下变得安稳坚实的地球，赞赏着天空中熠熠生辉的繁星。

只是，科学的发展建立在对疑问的深究之上，在宇宙的广度之内，科学家们越是研究万事万物，就越会发现常人不易察觉的问题：关于光，关于时间，关于宇宙的起源和它的未来。这些问题等待着充满好奇的人去开启新的篇章。

突然，瑞士专利局一位小职员在1905年发表的几篇文章，再一次彻底颠覆了人类对这个世界的认识，他叫阿尔伯特·爱因斯坦（Albert Einstein，1879—1955），这一年，他在写出博

①冥王星目前已被降级为矮行星。

士毕业论文的同时，还发表了4篇震动学术界的文章，他的论文涉及了光电效应、布朗运动、质量与能量关系以及狭义相对论等。从此历史上的1905年跟牛顿发现光学特性和万有引力定律的1666年一样名垂史册，1905年因此被称为“爱因斯坦奇迹年”。

爱因斯坦

根据爱因斯坦的理论，宇宙中能量与质量是遵循一定规律相互转化的，即物体质量乘以光速的平方就等于该物体能够释放出的全部能量，这就是那个形式优美的“质能转化公式”。

通俗地来讲，运动速度越快、质量越大的物体，越需要更多的能量，而拥有这些能量后，又可以产生速度与质量的变化，如此互相作用，直到达到一个速度极限——光速。当然，释放能量的前提条件是极高的温度和压强。比如太阳这个大质量运动天体，要维持它的速度，必须有极大的能量来供给，它内部的核聚变反应则提供了这个能量。

宇宙间到处是这样的例子，更进一步又会怎样？也许，能发现宇宙的真相。

爱因斯坦没有止步于狭义相对论，10年以后，他在1915年又发表了广义相对论，他把天体都置于四维（三维再加时间维度）维度 中，认为大质量天体能够使周围的时空弯曲，使它周围质量较小的天体围着它运转，也改变了光的传播方向。该理论与牛顿的引力使天体间相互吸引和运转的理论有本质区别，非常大胆，突破了常规思维。

曾经人们用牛顿经典力学理论无法阐释的天文现象，用相对论就可以解释。根据广义相对论，爱因斯坦还预言了后来一一被证实的宇宙现象，如宇宙膨胀、黑洞、引力波，即便有的连爱因斯坦自己都不太愿意相信。这确实是因为，他爆炸性的构想超越了常识和技术，极具颠覆性。

那个旧有的、稳固的宇宙在爱因斯坦的理论面前显得有些不同了，爱因斯坦忍不住用广义相对论建构起了新的宇宙结构，他认为，宇宙没有边界，是静态的，但宇宙的面积是有限的，时空的弯曲会让它的形态像圆球一般。可矛盾的是，根据他的一些方程计算得出，宇宙是会膨胀或收缩的，科学家后来也证实了宇宙膨胀的存在，今天这也成为人们的共识。

有趣的是，爱因斯坦在1921年获诺贝尔物理学奖却不是因为相对论，他得奖是因为发现了为量子理论奠定无可置疑基础的光电效应原理。

爱因斯坦的相对论也经受了一次又一次事实的验证，根据它，科学家们对宇宙的探索又上了一个新台阶。

稍微了解过爱因斯坦的人都知道爱因斯坦和小提琴的故事，据说他还会边拉小提琴边思考深奥的科学问题。爱因斯坦从5岁起，就在会弹钢琴、音乐素养又很高的母亲的教导下开始学习小提琴了，母亲这么做也是为了让生长于德国的

爱因斯坦更深入地理解德国文化。一开始爱因斯坦并不喜欢小提琴，但他后来因为莫扎特优美的小提琴曲而热爱上了小提琴，他也由此感慨“相比责任感，热爱才是最好的老师”。

在爱因斯坦的生命里，小提琴一直占据着重要地位，不论在什么样的场合和境遇下，他都会随身携带自己的小提琴，作为社交生活的一部分，他还多次跟专业的音乐人一起演奏室内乐。据说爱因斯坦每天都会拉琴，同时还会想象一个骑自行车的人追逐光的情景，这带给他很多解答疑难问题的灵感。

12. 奔向茫茫太空

在科学技术强大的助力下，人们从对地球本身的研究和认识一步步延伸到了太阳系、银河系乃至河外星系和星系团等更庞大的空间，另外，还有许多航天飞行器与太空探测器已初步代替人类近距离拜访了太阳系内的几大行星，让人们得到了相当翔实的关于太阳系的资料。但在仰望星空的同时，飞出太阳系、航行于星际间的“飞天”梦想仍指引着人类前仆后继地去奉献、去探索。

限于古代的技术和认知，航天飞行梦是难以实现的，航天技术在近现代的发展，却是起源于战争，兴起于“美苏争霸”。

第二次世界大战时期，在以飞机为载体的航空体系逐渐成熟时，火箭技术也在发展中，德国用于战争的V-2火箭就是现代火箭的雏形，火箭与卫星上天、载人发射以及后续人类的航天成果是密不可分的。

第二次世界大战后，直至苏联解体前的几十年里，美国和苏联的军备竞赛愈加白热化，在人类的航天史上，第一次发射人造卫星、第一次探测月球和金星、人类第一次进入太空、发射第一个空间站，等等，都是苏联的成就。

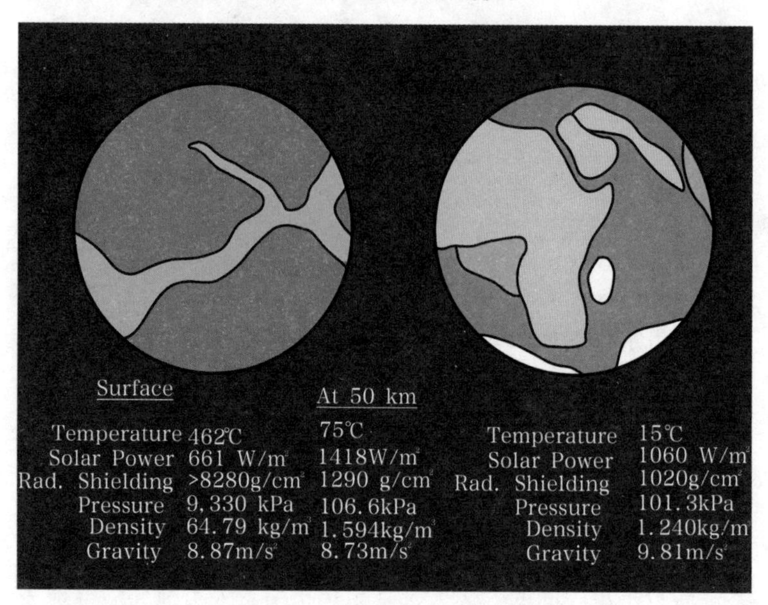

金星与地球的比较

而美国也毫不示弱，紧随其后也进行了一系列相关的探测与航天工程。为全世界所瞩目的一幕，就是1969年7月20日“阿波罗11号”飞船载着三名宇航员成功登陆了月球，这象征着人类首次踏上了除地球以外的第二个星球。此外，世界上第一架航天飞机也由美国制造，NASA的实力在竞争中大大领先了其他国家，使得美国成为当前航天技术最发达的国家。

除了“美苏”，欧洲、日本、印度等地区和国家的航天工作也在同步展开，从民用、科研到军事、天文等方面，航天技术应用广泛，载人航天、走向太空、一探宇宙浩渺的愿望也没有被人们遗忘过。

而那时，贫弱的中国在资源、人才、资金都极为短缺的情况下，也在默默地咬牙坚持着自己的航天梦。

1956年，我国第一个航天机构成立并由钱学森先生担任院长；

1970年，我国第一颗人造卫星“东方红一号”进入了天空；

1999年，我国第一次将无人试验飞船“神舟一号”成功发射；

2003年，“神舟五号”成功发射，证明我国已经掌握载人航天技术；

2007年，“嫦娥一号”，即我国第一颗月球探测器成功发射，圆满完成任务；

2011年，“天宫一号”，即我国首个目标飞行器、空间实验室成功发射；

2016年，全球首颗量子科学实验卫星“墨子号”在我国发射且完成任务；

2022年，中国全面建成载人空间站“天宫”；

……

一步一个脚印，凝聚了国家力量、航天人心血和拼搏精神的中国航天事业飞速发展，从“嫦娥奔月”的传说到“江畔何人初见月，江月何年初照人”的发问，从明代万户第一次坐在自制“火箭椅”上升空失败身亡到中国凭借自身的过硬实力跻身航天强国行列，中国人关于追求、关于梦想、关于探索宇宙奥秘的初心从未改变。

“阿波罗11号”的宇航员登月

对于人类来说，离开地球飞向太空是令人激动和期待的，离开太阳系去看看外面的世界到底是什么样子，更是每个天文学家浪漫又新奇的心愿，只是，按照目前人类的科技水平，在很长的时期内，人类很难离开太阳系，甚至对绝大部分人来说，离开地球到太空去也是一种奢望。

但星辰就在那里，总有一天，它们将不再遥不可及。

中国现代意义上的航天事业，开始于钱学森（1911—2009）先生，他年轻时在美国学习航天专业，师从名师，博士毕业后他曾在加州理工学院和麻省理工学院任教，28岁就成为世界知名的空气动力学家。钱学森身在国外，却心系祖国，得知中华人民共和国成立，他急切地想要回到自己的祖国，但他被美国军方形容为“无论在哪儿都抵得上五个师”，回国之路必然是艰难的。为了回到祖国，钱学森备受折磨，经历了长时间的拘禁和审查，最后在我国领导人的关怀下终于回到了祖国。

1956年，钱学森参与组建了国防部第五研究院，也就是中国第一个火箭和导弹研究所，并任首任院长。在他的主持和带领下，中国第一颗原子弹、氢弹先后爆炸成功，后来，中国航天事业也由他开启。“航天”一词就是钱学森提出的，他的贡献无愧“中国航天之父”的称号。

第二章 •••

窥秘日月星辰

1. 跃动的太阳

当伽利略举起望远镜观察天空的时候，不知道面对自己的观测结果，他的内心有没有受到强烈的冲击，比如，当他看到太阳上有黑点，那些黑点还会移动时，确切地说，他发现，太阳是会旋转的。

原来万物赖以生存的太阳也不是恒定不动的，太阳并不是宇宙的中心。自“日心说”深入人心后，太阳会自转的事实无疑又推动天文学往前迈了一大步，太阳这个与人类如此亲近又耀眼的天体究竟藏着什么样的秘密？

根据现代的观测及理论分析，我们得知太阳岂止会转动，它简直活动得过于剧烈了。

作为太阳系唯一的恒星和“老大”，直径为地球109倍的太阳，质量更是地球的33万倍，仅它的质量就占了太阳系所有星体质量的99%，可太阳不过是宇宙中一颗太过渺小的普通恒星，在银河系里它也如尘埃一般微小。

恒星太阳距离银河系的“银心”有约3万光年远，它绕银心顺时针公转的速度为每秒250千米，而太阳要完成一个公转周期大概要花2.5亿年。太阳自转的周期则是有差别的，其赤道带和两极地区自转一周分别约为25天和35天，也就是说，太阳的“腹部”比“头脚”的转动速度更快，这是因为，太阳是一颗“气球”。

这颗相对地球来说体积庞大又极重的恒星其实由等离子高温气体构成，它的内部是致密的核心区、辐射区和对流层，最外的大气层由光球层、色球层和日冕层组成。

这样的构造分层，打造了能量与粒子不同的活动“舞台”，它们活跃异常、上下翻涌，没有一刻能安静下来。

太阳内部核心区的半径大约占太阳整体的四分之一，那里是为太阳提供能量的来源，核心区的质量比太阳总质量的一半还多，最高温度有1500万摄氏度。核心区惊人的核反应释放出的能量与辐射，引发了外部一系列强烈的温度变化、能量交换、粒子运动、电磁活动，等等。

核心区外围的辐射区，占了太阳一大半的体积，温度在这里逐渐下降，到该区域的顶部时已经降到了150万摄氏度，微小的光子在辐射区经历了反复的弹射运动，要用10万到100万年，才能到达外部的对流层。没错，此刻不经意间落入你眼中的日光，其实是至少10万年前的，而光从太阳大气层放射出来到达地球，也大约需要8分钟的时间。

在对流层被不断加热、冷却而上升、下沉的粒子又用了一些时间喷射而出到达了大气层的底层光球层。很多太阳活动都发生在光球层，比如太阳光斑与太阳黑子，它们是位于光球层不同高度、因密集的磁场所产生的现象。

太阳结构示意图

至于色球层与日冕层，因为密度很小，所以它们呈透明的形态，不容易被直接看到，比较奇特的是，温度从光球层顶部至色球层、日冕层是突然由8000摄氏度升高到50万摄氏度的，最靠外的日冕层温度则达到了几百万摄氏度。为人熟知的耀斑、日珥、日冕抛射等强烈的太阳活动就发生在色球层与日冕层，科学家还制作了一种能遮挡住太阳中间发光部分的仪器日冕仪，来更好地观察日冕。

由于光球层的不透明，能被人类观察到和直接感受到的太阳活动，都发生在太阳大气层，这些无时无刻不在发生的太阳活动给太阳系提供了光明、能量，但同时由于自身的特性，也给太阳周围的行星造成了破坏和摧残。

伽利略晚年时视力不好，很大可能跟他曾经透过望远镜直接观察太阳有关系。对于人类脆弱的视网膜来说，太阳光

过于强烈，用裸眼直视太阳是非常危险的行为，时间过长会灼伤视网膜，造成永久性的伤害，甚至致盲。现代的天文爱好者如果想要观察太阳，一般需要在物镜上装好“巴德膜”，它能大大降低透光度，达到很好的观测效果。更为专业的天文仪器，则是太阳望远镜。

根据功能的不同，太阳望远镜分为色球望远镜、光球望远镜、日冕仪与磁场望远镜等几种类型，它们观测的目标很明确，在白天使用，专门观测太阳，因为观测对象的特殊性，它们一般都会有较大的口径与很长的焦距，很多太阳望远镜都很巨大。太阳活动大爆发时，会向空间抛出大量的电磁辐射和粒子辐射，对地球上通信和电力的影响强烈，所以观测太阳是非常有必要的。

2. 发光发热，能量何来？

破解太阳的发光发热之谜，是近代科学家们颇为感兴趣的一个课题，如果能找到答案，差不多就可以连太阳诞生的谜团一并解开了。不过解谜有着非常受限制的前提条件：人们到不了太阳上去，只能结合猜想与科学理论，间接地从蛛丝马迹中寻求真相。研究与探索太阳极具挑战性，不过科学家们一直都在前进的路上。

假如让你解释太阳为什么发光发热，你会不会说它不过是个大火炉嘛，往火炉里添柴添煤，它就烧起来了。这很不错，因为19世纪时有两位科学家的想法跟你差不多，他们就认为太阳是个熊熊燃烧的大煤球，但是这个“煤球说”的想法很快又被他们自己的计算结果推翻了——根据计算，这样的太阳最多只能燃烧几千到几万年，可是大家都知道，地球的年龄都不止几万年，更何况太阳。

不久后发展出的一种学说引起了较大的反响，那就是“引力说”，热力学泰斗、英国的开尔文勋爵又将之发扬光大，根据他的理论与计算，太阳是因引力收缩释放热能的，而有限的“引力能”只够维持2000多万年的时间，这说明太阳最多只有2000多万年的寿命，地球的年龄当然更短了。于是开尔文在1862年公开质疑了达尔文的地球演化学说及地质学家用的测年法，由于他的权威性，“引力说”存在了一段时间。

在探求太阳能量来源的过程中，另外还有“星云说”“陨石说”等多种假说。提出猜想，理论验证，事实佐证，能自圆其说当然最好，不过随着科学技术的进步，这些存在不少瑕疵的假说都被一一证明是错误的，“引力说”也不例外。

1895年放射性物质的发现对岌岌可危的“引力说”又造成了冲击，简单来讲，因为放射性物质可以在地球内部释放出热量，根据它们的衰变就能算出地球的年龄是46亿年，更为重要的是，1905年爱因斯坦提出的质能转换公式启发了后继的学者们，有关太阳能源的疑问得到了合适的、崭新的解答。

根据质能转换公式，英国天文学家亚瑟·爱丁顿在1920年提出太阳内部发生着核聚变反应的结论，他认为核聚变才是太阳一切能量的来源，氢聚变成氦后，质量会有所减少，那些丢失的质量转化成了能量被释放出来。

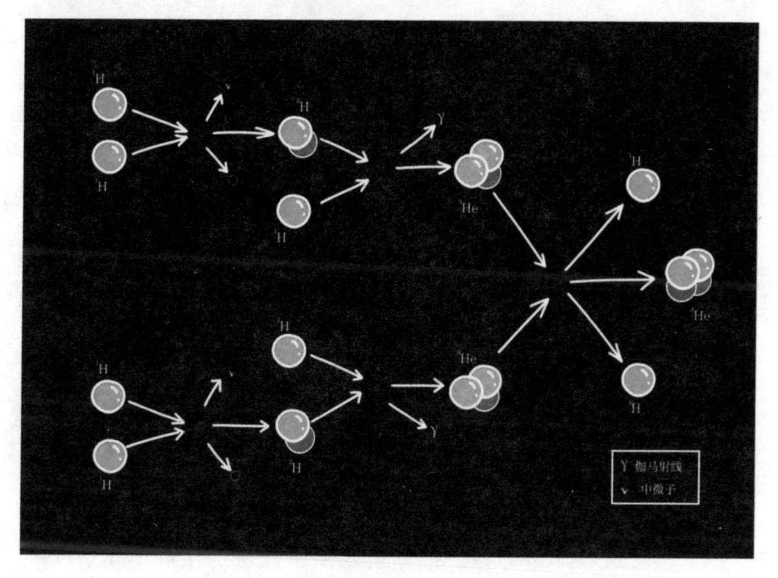

核聚变过程演示

应该说，到目前为止，“核聚变说”是对太阳能量来源最令人信服也最合理的解释了，由此推导出太阳能够释放能量的年限至少为100亿年，这与地球年龄的测定也相吻合，不过，这一理论只是猜想，直到20世纪30年代有科学家由实验得出了由氢到氦详尽的核聚变过程，该理论才算是尘埃落定，成为共识。

关于太阳最令人着迷的谜题到此揭开了谜底：太阳核心区

的那些元素经高温高压后，较轻的氢原子以pp链式反应的形式聚变为较重的氦原子，太阳内每秒约有6亿吨氢可聚变为5.96亿吨氦，所减少的400万吨质量是光和热等能量的来源。这每一秒的巨量能量，虽然到达地球的只有极其微弱的一丁点，但也是地球所需能量的数万倍了。

这确实是不可思议的奇迹，在古代诸多文明的神话中，不乏崇拜太阳、以太阳为图腾的故事，太阳是地球的生命之源，有了光和热，世界便不再冷寂，生命便有了活力。这颗正处于“壮年”热烈燃烧的恒星，值得人类更多的关注与探索。

1930年，奥地利物理学家泡利预测核反应中质量的减少是因为有新粒子的存在，这个粒子便是后来人们发现的中微子。中微子性质特殊，每个的质量都不到电子的百万分之一，它们几乎不会跟任何物质发生反应，也是宇宙中数量最多、最轻的基本粒子。

根据核聚变的实验得知，太阳内部由氢到氦进行核聚变的pp链式反应会产生一定数量的“副产品”中微子，可奇怪的是，科学家们检测到太阳散发出的到达地球的中微子数量只有原本数量的三分之一，这个“太阳中微子问题”使科学家们大惑不解。于是有人猜测中微子在传播过程中会变换形态，人们检测到的只是三种形态中的一种。这是正确的，但等到能证实这个猜想已经是几十年以后了。原来中微子的量子特性“中微子震荡”会让它自行变成其他种类，而这甚至可能关系到宇宙起源的真相。

3. 光的密码

阳光看不见摸不着，但人们通常倾向于把光的颜色看作白色。“白光”点染了世间万物的千万种色彩，呈现了一个多彩缤纷的美丽世界，可是，我们所看到的光与色，真的就是它的本来面目吗？

早在1666年牛顿对阳光进行色散实验前，人们就已知晓白光可以被三棱镜分散为红、橙、黄、绿、青、蓝、紫七种颜色了，当时的人们以为是白光被染上了颜色。好奇心旺盛的牛顿则想得更多，他在阳光被三棱镜分光时多加了一块棱镜，发现七种色光会被重新合成原来的白光，这个简单的实验证明，阳光并不是单一的光线，它是由不同颜色的光合成的。

这就表明，光是可以被解析的，它的内部构成存在一定规律性。牛顿于1672年发表了关于光特性的研究成果，他的重要发现为光谱学奠定了坚实的基础，并从此开启了多个学科的大门。

英国化学家威廉·沃拉斯顿于1802年对牛顿的实验做了改进，他将光从细长的窄缝里透出，除了在被分散成谱线后的光中发现常见的光谱颜色外，他还发现了7条暗线夹杂其中，可是他不知道这是什么，以及为什么会这样。

德国的物理学家夫琅禾费没像沃拉斯顿那样轻易放过这一奇特现象，他在1814年用自己发明的分光仪，竟然“看到”了太阳光谱中隐藏的500多条暗线，因每一条暗线都有特定位置，夫琅禾费就仔细地将它们一一编号，后来，这些暗线就被称为“夫琅禾费线”。

可太阳光中的这些暗线究竟是什么？有什么作用？19世纪50年代，本生和古斯塔夫两位德国化学家的新发现终于揭示了太阳光谱的重要成因。

首先，他们有一个特别的仪器“本生灯”，用这种灯加热化学元素，就能得到属于该元素唯一的、特定的“放射光谱”及谱线波长，这个现象证明，每种元素都具有专属的光谱与波长，不同的光谱、波长，也一一对应着不同的元素。更令人称奇的是，不仅如此，两位科学家测出元素还能吸收跟它们放射时的波长一样的光，形成唯一的“吸收光谱”，这又说明什么？

说明根据不同的吸收光谱，也能得出它代表的是什么元素，而“夫琅禾费线”正是太阳上一部分元素形成的吸收光谱，测出这些元素，就能知道光的秘密，得到太阳较为详细的元素构成成分。据此原理，在人类目前的发现中，已探知了太阳表层的90多种元素，且元素质量占比的前五位分别是氢、氦、氧、碳、铁，尤其是氢和氦，总共占比达98%以上。

鉴于大多数恒星、星系都跟太阳一样会放射出光，那么根据光线到达地球时形成的光谱，也大概能够得知恒星或星系的元素构成甚至是年龄了——所以，光谱学对天文学的研究非常重要，它能解答很多疑问，发现新的隐秘。

对我们普通人来说，知道光的特性以后，就能回答前文的问题了：我们看到的色彩其实是被物体吸收和反射后的光形成的，树为什么在我们看来是绿的？因为它们吸收了可见的红光、紫光用于光合作用，树叶中富含的叶绿素反而将可见光中占比最多的绿光反射到了我们的眼睛里。再比如，发白光的太阳很多时候看起来是黄色的，偶尔还会是绿色的，都是光的吸收、反射、散射等造成的。

无论是星空还是地球，万物的颜色如此丰富，背后却有着关于光不得不说的秘密，我们不能直接触碰到光，却从每一种最细微、最特别的色彩中，认出了光。

约瑟夫·冯·夫琅禾费（Joseph von Fraunhofer，1787—1826）是德国的物理学家，并且他还是知名的制造光学透镜的商人，他11岁时就失去双亲成了孤儿，只能在慕尼黑的一家镜片制作坊里做学徒。14岁那年，厄运再一次重击了这个孩子，作坊的楼坍塌了，他被掩埋其中，幸运的是，未来的巴伐利亚国王马克西米利安一世刚好路过救出了夫琅禾费，并且为他提供了到一所修道院著名的光学学院读书的机会。

夫琅禾费努力学习，在光学研究上表现卓越，还在学院担任了职位，此外他也是一家光学研究所的负责人，从事光学仪器的制作。他对光学镜片的深入研究、发明的光谱仪和新式望远镜等，使得巴伐利亚取代英国成为新的光学仪器制造中心。夫琅禾费因而获得了不少荣誉，但长期从事玻璃加工导致的重金属中毒，使他在39岁便去世了。

4. 不黑的太阳黑子

在中国的神话故事中，三足金乌的传说与太阳紧密相关，这很可能是古人用肉眼看到了太阳表面的黑子而产生的美好联想，成书于两千多年前的《淮南子》《汉书》中，也准确记载过太阳黑子的出现时间，古希腊等西方文明也有对太阳黑子的记录。只不过，古人基本上都将太阳黑子当成行星行经太阳前方的“行星凌日”现象了，太阳黑子属于太阳本身这一真相，第一次被伽利略通过自制的天文望远镜观测时揭秘。

冒着风险直视太阳的伽利略，向世人说出太阳有黑点也是需要很大勇气的，因为那是一个反常识的真理，此后，科学家们经过反复的观测与实验，为这一发现做出了越来越令人信服的解释。

在光球层活跃的太阳黑子有着一些鲜明而奇特的特点，它们看起来黑，其实只是因为它们周围的太阳表层平均温度达5500摄氏度，与太阳黑子3000、4000摄氏度的高温相比自然更为光亮；虽然被叫作“黑点”，但太阳黑子的面积并不小，一些巨大的黑子甚至比地球还大，这才给了人们从古到今裸眼看到它们的机会；一个黑子持续存在的时间可以从几天、几周到几个月不等，不过，黑子总是成对成群而不是单独出现的，它们的出现还有一定的周期性。

太阳黑子成对出现的原因是什么？周期变化又是怎样的？这主要是因为太阳本身的磁场作用，磁场会对太阳内部的能量交换产生明显影响，一般在太阳磁场更强的地方，就会出现黑子，又因为磁场有两个磁极，所以黑子总是成对出现的。

太阳黑子数量以11年为周期变化，是德国天文学家海因利希·施瓦贝进行研究时意外发现的，其过程相当有趣——痴迷于天文学的施瓦贝，想通过观察“行星凌日”现象发现传说中的“火神星”，于是他整整观测了17年太阳黑子，1843年他在一一查看大量的观测记录时，意外注意到了太阳黑子数量以11年为周期变化，于是他在1844年发表了关于这一规律的论文。

这样有规律的周期的形成，是由太阳这个“大气球”自转时不同纬度与两极自转速度的不同造成的，不同纬度比两极自转速度快的“较差自转”让太阳的磁场线产生严重的缠绕扭曲，并且每11年太阳的磁场就会扭转一次。

天文学家们经过日复一日的复杂计算，还发现了太阳黑子在11年周期变化外的其他规律，比如爱尔兰天文学家安妮·蒙德总结出，太阳黑子数量较少的年份，地球的气温也较低，这样的年份被叫作“极小年”，与此相反的就是“极大年”。比如1645年到1715年地球的低温期同样是被安妮发现的，该时期也被称为“蒙德极小期”或“小冰期”。

太阳黑子的变化规律还不只这些，德国天文学家古斯塔夫·斯波勒又发现，在11年的周期内，刚开始黑子数量较少时，它们出现在太阳表面的纬度也较高，一般是太阳的南北纬30°，随着黑子增多，它们竟会逐渐向纬度更低的赤道带移动，斯波勒发现以时间为横坐标、以黑子出现的纬度为纵坐标绘图时，就会呈现一幅类似蝴蝶形状的图案，该图形被称为“蝴蝶图”。这个规律也即“斯波勒定律”，而它产生的原因还有待解开。

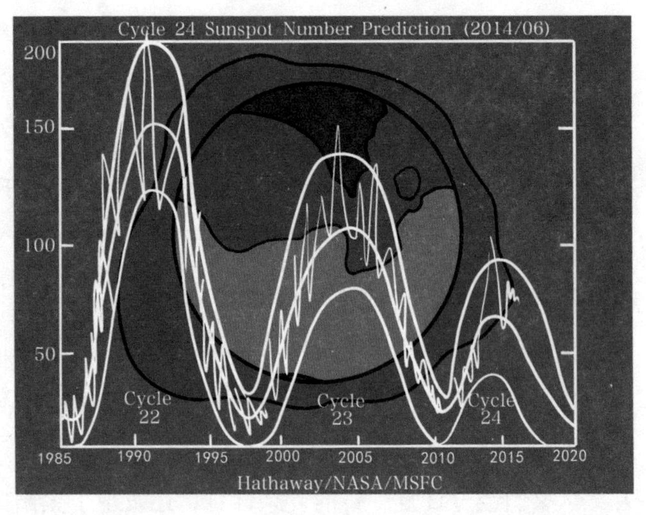

太阳活动周期

这些看似小小的不起眼的太阳黑子，人类经过不断地追问，才发现原来它们藏着太阳大大的秘密，越了解太阳黑子，我们就越发惊喜于太阳的特别。

爱尔兰天文学家安妮·罗素·蒙德（Annie Russell Maunder，1868—1947）也是一位数学家，她毕业于英国剑桥大学，1891年进入格林尼治皇家天文台，担任后来成为她丈夫的爱德华·沃尔特·蒙德的助手，主要进行拍摄太阳、计算观测数据的工作。1895年她结婚后，按照当时公共服务部门不允许已婚女性任职的规定，安妮离开了天文台，但她没有放弃天文研究，继续与丈夫一起观测和记录太阳黑子。在研究中，安妮发现了“极小期”现象。

安妮还是一位专业的日食摄影家，她到过许多地方，用相机拍摄日食和太阳活动，为研究提供了材料，她在相关领域跟沃尔特合作发表了不少论文，为更好地传播天文学，他们还合著了一本科普书。此外，安妮也是英国皇家天文学会第一批女性会员，月球上的“蒙德环形山”也因二人得名。

5. 耀斑大爆发

2003年在西方的万圣节前后，人们监测到了一系列强烈的太阳耀斑爆发，11月4日更是达到了有记录以来的最大等级。这次耀斑爆发给人们造成了很大损失，如毁坏了空间观测器、致使飞机延误、破坏电力和通信等，因此该事件被称为“万圣节风暴”。

太阳耀斑是什么？它距离我们那么远，为什么能对地球影响这么大？人类又该怎么监测防范呢？

耀斑跟太阳黑子一样，也是太阳活动的表现之一，它存在于太阳大气靠表层的位置——色球层高层到日冕层底部。因迅速积聚了大量能量，便像“火山爆发”“大爆炸”一样在短时间内猛地将能量释放而出。虽然耀斑爆发的持续时间只有几分钟到几十分钟，但它发生区域的亮度会骤增，附近太阳大气温度也会突然高达2000万到3000万摄氏度，巨量的能量被抛到宇宙空间里，会给来不及防备的人类带来极大的影响。

作为一种活跃的太阳活动，耀斑爆发是经常性的，为了更好地监测和判别耀斑，科学家根据耀斑释放能量的多少，由低到高将耀斑分为了A、B、C、M、X共5个等级，每个大的等级中又有9个细分等级，其中X1等级耀斑释放的能量，就相当于100亿颗氢弹爆炸的能量。比如“万圣节风暴”最大的耀斑为X45等级，该耀斑瞬时爆发的威力相当于同时起爆了4500亿颗氢弹。

太阳磁场也跟耀斑产生有着直接的关系，太阳磁场让太阳黑子产生强力磁场的同时，也会让耀斑积聚大量能量，所以人们观测到耀斑会在黑子周围分布。耀斑在太阳活动的高峰期时，爆发也更加频繁，可是它产生的机制到底是怎样的，科学家们还没有确定，一种接受度较高的猜想是它跟磁通量管重组有关系。

耀斑爆发时，一般也会伴随日冕物质抛射，它们合力对地球造成更强的电磁干扰，但耀斑跟日珥是不同的，需要区分开来，日珥这种太阳活动发生在色球层，它的温度跟黑子一样较低，亮度也相对更暗些。

耀斑对地球的影响示意图

一次耀斑大爆发能够放射出覆盖从无线电波到伽马射线所有波段的电磁波，这些电磁辐射能量巨大，会给地球上的人类生活带来极大干扰，所以人类必定要对它提高警惕。

耀斑爆发一般来说会给地球带来三个阶段的影响，在爆发8分钟后，超强电磁辐射就会到达地球的电离层，对电磁波造成干扰，可能会使无线电中断；在爆发几十分钟后，到达地球的高能带电粒子流，可能会对航空航天器还有相关人员造成危害；爆发两到三天之后，随着日冕物质抛射也就是高速等离子体云而来的磁场可能会引发地磁暴，将对通信导航、电力电网、管道等造成损坏。

鉴于太阳耀斑爆发如此剧烈但短促的特性，以及给人们的生产生活带来的巨大影响，科学家们仿照依据地球大气规律预测的天气预报，也为耀斑爆发制定了监测预警系统，比如我们国家的空间环境预报中心，只对达到中等级的M级、最大等级X级的耀斑进行通报。这一中心成立于1992年，正是为了中国载人航天工程而服务的，需要对宇宙空间内的太阳风暴、地磁暴、流星暴等进行相关的监测预报。

当然，毕竟预报耀斑的活动比预报地球的天气难得多，但人类一直在提高空间预报能力，相信很快它就能够像地面的天气预报一样精准和提前更多时间，那样就可以预测和降低太阳耀斑对地球造成的不良影响。

小贴士

相对于强烈又明亮的耀斑，日珥这种太阳活动就显得安静了许多，但它特别的形态仍然吸引着人们去观测探索。一般情况下，因为日珥温度低、光度暗，是不容易被观察到的，最好的观测时间是日全食发生时，或者用仪器将太阳发光部分遮挡上。同样一个日珥，如果人们所处的观测角度不同，它就会呈现不同的形状，比如从侧面看，它是呈拱形的，从正面看则是丝状的。

日珥起源于太阳磁力线所带来的能量物质，它们从太阳大气层高高冲出又落回去，高度可达几十万千米，它们如同腾空而起的火焰，持续时间长达几小时到几天。依据不同的形状特性，日珥被分为三大类：宁静日珥、活动日珥、爆发日珥，其中爆发日珥又被称为“环状日珥”，从远处看就像小小的卷。

6.“日食探险”：证实相对论

1915年爱因斯坦的“广义相对论”被提出后，一个问题摆在眼前，那就是，怎么用实验论证他说的到底对不对。

爱因斯坦根据相对论提出的一系列猜想中，大质量天体会让四维时空产生扭曲，并因此吸引周围较小的天体围绕它运转这一项，当然对太阳系也适用，如果该理论是正确的，表明远处恒星发出的光线在经过太阳附近时，受太阳引力的影响，会发生偏折，那么光线原本该走的路线就会跟实际被人类观测到的路线形成一定夹角，这个夹角就是“偏折角”，这种现象也被称为“光线偏折”。

所以，用光线偏折角度的测量结果就可以验证爱因斯坦相对论的正确性了。当然在牛顿经典力学理论中，光线同样会发生偏折，不过用经典力学得出的偏折角仅0.87角秒，以广义相对论得出的偏折角是1.74角秒，刚好是前者的两倍。

日全食示意图

爱因斯坦用自己的理论预测了恒星光线经过太阳附近后到达的位置，而实际的验证虽然不太复杂，却需要一个特定条件——日全食。

英国天文学家亚瑟·斯坦利·爱丁顿（Arthur Stanley Eddington，1882—1944）在1919年充满期待地接受了这个观测任务，他可是爱因斯坦广义相对论的忠实拥护者，能够亲自验证它，对爱丁顿来说应该会有一种得偿所愿的欣喜。

爱丁顿得到这个委托任务的经过是有些戏剧性的。第一次世界大战时，他出于自己对和平的信仰拒绝服兵役上战场，这为他招来了麻烦，天文学家弗兰克·戴森正好因此为他争取了利用日全食验证相对论的机会。

观测队伍分两队分别前往非洲西海岸的普林西比岛以及南美洲的巴西进行观测，爱丁顿一队去的是非洲。这次日全食的发生时间是1919年5月29日，两个队伍在经历了天气不好、仪器受损等状况后，终于完成了任务。

两队测得的偏折角度分别为1.61角秒和1.98角秒，他们的实际观测证明，发生偏折的光线确实出现在了爱因斯坦预测的位置，广义相对论再次被验证是正确的。

科学界大为振奋，媒体的宣传也让这项观测与爱因斯坦的相对论广为人知。但因为受限于当时的观测条件及仪器的粗糙，也不断有人对爱丁顿的结果提出质疑，事实证明，爱丁顿当时的观测是有误差的，好在后人又进行了一次次观测，得出了更为精确的数值，大部分的科学家已接受了广义相对论验证的光线受太阳引力影响产生的偏折结果。

对于自己能亲自通过日食观测验证广义相对论，爱丁顿一定是自豪的，他后来还专门写过一首小诗：

啊，别管智者，我们来校对测量。
至少可确定一事，光有重量，
这事确定，其他有待考量——
光线，靠近太阳时，不走直线。

在天文领域，除了验证相对论，爱丁顿还有多项重大贡献，比如他是第一个提出太阳的能量来源是核聚变反应的人，参与了第一代广义相对论宇宙模型的建立，还计算出了物体向内的引力与向外的辐射力达到平衡时的最大光度，这被叫作“爱丁顿极限”或“爱丁顿光度”。

另外在天体物理学领域，可观测宇宙中的质子数也是由他第一个提出的，这个数值因此被叫作“爱丁顿数”。在丰硕的成果之外，这次独特的日食探险之旅也成为爱丁顿的人生以及天文学史上一抹亮丽的色彩。

亚瑟·爱丁顿可以说是爱因斯坦的“大粉丝”和相对论的拥趸，他对广义相对论抱有强烈的认同感。在进行日食观

测之前，有人问戴森，如果观测结果跟相对论不符爱丁顿会怎样，戴森打趣地说那会让爱丁顿疯掉的。

据说有记者问爱丁顿是不是全世界仅三个真正理解相对论的人之一时，爱丁顿稍做思考后说：“我在想谁是第三个人?”其实他的幽默回答也是有道理的，1915年，在第一次世界大战的背景下，用德文写成的相对论极有可能不会被政治立场不同的人认真对待，而爱丁顿第一个将相对论翻译成英语，并介绍给其他的专家学者，在英语国家对相对论进行不遗余力的宣传。并且，爱丁顿擅长用通俗易懂的术语和概念讲解相对论，连爱因斯坦都认为他的一些介绍是所有语言中最好的。

7. 乘着太阳风远行

空荡辽远的宇宙空间，其实并不是真空般寂静无物的，终日“呼啸”的“恒星风”，将恒星的能量与物质扩散到了遥远的星际空间，影响着行星等其他天体的环境构成。在太阳系内，我们看不见的“太阳风”也如此“强风吹拂”着。

我们知道，太阳这颗气体恒星分为内三层外三层，遵循温度由内到外逐渐下降规律的太阳，突然在色球层发生了温度上升的变化，到最外层的日冕层时，温度猛然升到了几百万摄氏度，氢与氦原子都在高温下电离成了质子与电子，被以极高的速度抛射向太空，这些高能带电粒子流形成的剧烈等离子风，持续地向整个太阳系刮去——这就是太阳风的形成。

太阳风并不轻柔温和，相反，它是狂暴猛烈的，时速可达数百万千米，发生在日冕层的太阳活动“日冕物质抛射”产生的太阳风“风速”尤其大，为每秒2000多千米，上百亿吨物质会被瞬间抛出，而在太阳两极辐射较弱的冕洞产生的太阳风则更为强烈。

受地球强大磁场的保护，人类非常幸运地没有直接遭受太阳风，那么科学家们又是如何发现看不见、摸不着的太阳风的呢?

1859年，在受太阳风暴影响全球电报系统几乎瘫痪的“卡林顿事件”发生后，英国天文学家卡林顿曾猜想太阳可能会产生向外流动的粒子，后来在20世纪50年代，英国的查普曼依据日冕的高温特性，估算太阳日冕层的范围大约在地球轨道之外，德国的比尔曼由彗星的彗尾方向总是与太阳背离这一现象，推测那是强力稳定的太阳风导致的。

美国科学家尤金·帕克则首先在1958年提出了“太阳风”的概念，他将查普曼与比尔曼的猜想结合，研究得出太阳风其实是日冕层物质摆脱太阳引力形成的强烈气流，他把这样的高能带电粒子流命名为太阳风，并建立了具体的太阳风模型。但是在帕克发表关于太阳风的重要论文时，却遭到了评审团的拒绝，他的相关理论也同样遭到了强烈地怀疑和反对。

最终，帕克的论文在其他科学家的帮助下发表了。很快在

20世纪60年代，苏联与美国的一些航天器、探测器也观测证实了太阳风的存在，人们因此对太阳、太阳系以及宇宙空间的认识又发生了改变。

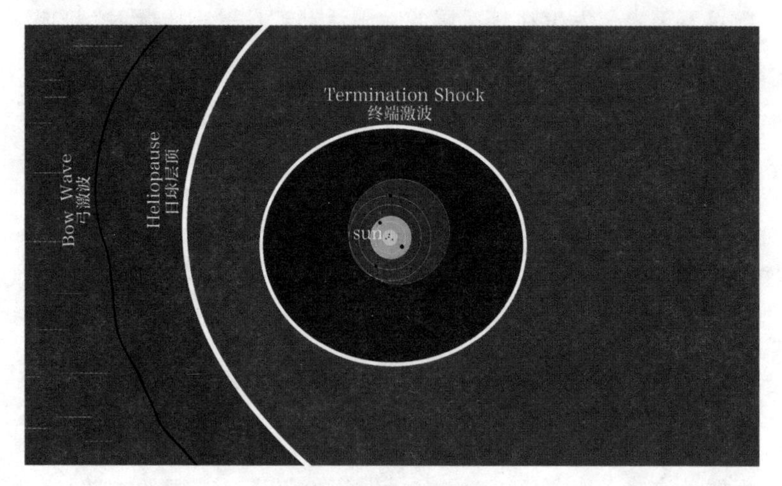

日球层范围示意图

高速带电巨量粒子形成的强烈太阳风对地球有很大危害，它时时冲击着地球磁场，破坏臭氧层，侵蚀剥离大气层，造成磁暴，但地球自身的强力磁场保护隔绝了大气层，使到达地球的太阳风沿磁力线被传导至地球两极，也因此产生了极光。

位于地球隔壁，因质量小、引力弱而没有形成强磁场的火星，就是一颗饱受太阳风侵蚀的伤痕累累的星体，它的大气层被大量剥离后，行星表面的水被蒸发掉，仅存微薄的二氧化碳层。由此可见，地球磁场的最大作用就是对太阳风的防御，如果没有磁场，就可能没有大气甚至生命的存在。

以太阳为核心急剧扩散的太阳风范围究竟有多大？它所及之处都被称为“日球层”，最远可达距离太阳100—200天文单位[①]的地方，比太阳系的行星轨道都远得多。

日球层具体又可以被分为“终端激波”“日球层顶”“弓形激波”三个层面。日球层顶也就是太阳风层顶，被认为是太阳大气的顶层，广义上来讲也可以算作太阳系边缘，虽然太阳系边界的范围与定义并没有具体确定。

极光这一特殊而炫目的地理现象是太阳风与地球相遇留下的证据，极光一般情况下出现在地球南北极地区的磁极周围，它是因太阳风冲击地球磁场时，带电粒子沿着地球磁场的磁力线向两极加速运动后与地球大气层相互作用并释放能量产生的放电现象。在太阳活动频繁的时期，比如日冕物质抛射时，被挤压的地球磁场就会导致极光位置的扩大，那时人们在较低纬度也能看到极光。

极光的颜色丰富绚烂，这些颜色的形成也有一定原理，比如地球上看到的极光大部分时候是绿色的，那是因为在低海拔区有含量丰富的氧原子（在大气层高处的氧原子则会辐射为较少见的红色条纹状）。一般出现在海拔较低地区的蓝

①天文单位（Astronomical Unit，缩写为AU）：天文学中常用的长度单位，用来测量天体间的距离。1天文单位约等于地球与太阳之间的平均距离，大约为149600000千米。

色极光是氮原子产生的，至于黄色、粉色等色彩，多由前几种颜色混合而成。极光不只在地球出现，木星和土星因大气层浓厚，磁场强，产生的极光也很明显。

8. 月亮的身世之谜

自古至今，无论中西，当人们抬头望见天上那轮有圆缺变化、与地球不离不弃的月亮时，可能都会发出“明月几时有”的疑问，月亮不像太阳那般让人不能直视，它皎洁的清辉可供人赏玩，圆缺变化的规律性总会引起游子的离愁与思乡之情。在人类悠久的历史文化中，从来不缺月亮的形象，可这颗看起来如此梦幻神秘的卫星，到底从何而来？

月亮的本来面目仍是伽利略用望远镜第一个发现的，真相足以让当时的人们大吃一惊，它轻柔的面纱就此被扯下：月球的表面竟然是坑坑洼洼、明暗交错的。后来随着科学家们对月球的研究越来越多，我们现在也得以知道许多关于月球的信息。比如月球跟地球的构造其实是相似的，同样拥有月核、月幔、月壳；它的公转与自转周期都是27.3天，这就造成它总是只有一面能被地球上的人看到，隐藏在暗影里的背面引起了人们的无限遐想；还有它跟地球几乎一样的约45亿—46亿年的年龄；月球上没有大气，昼夜温差很大。

除了基本资料，人们最为关心的和最想知道的，就是月亮究竟是如何诞生的，又怎么成了离我们地球这样近的唯一卫星，它跟地球到底是什么关系。

有一种猜想是地球与月球诞生于同一片星云，星云是孕育星辰的摇篮，两颗星球如一母同胞各自在引力作用下坍缩成形，这就是“同源说”。

第二种猜测是月球原本是一颗在地球附近路过的天体，地球的引力将它吸引过来成了卫星，这就是“俘获说”。该猜想的瑕疵在于，月球跟地球的体积、质量相差过小，它的平均直径达地球的四分之一，质量大约为地球的八十一分之一，作为一颗卫星来说，这么大的体积是很难被地球俘获的，并且在这种假说下，月球与地球的构成成分应该是完全不同的。

“撞击说”是第三种主流猜想，这个说法认为大约45亿年前一颗叫作“忒伊亚”的天体猛地撞上了地球，与此同时，地球大量表层物质飞溅到空中形成了破碎的环带，后来太空的环带物质在引力下逐渐聚拢成一颗新的天体，也就是月球，而“忒伊亚”与地球也在漫长的地质变化中融合在了一起。

能够从旁佐证“撞击说”的一个证据是太阳系41亿年—38亿年前的“后期重轰炸期”，更早时期也有大量的天体撞击事件发生；另一个有力证据就是“阿波罗探月”计划带回的月球岩石样本，检测发

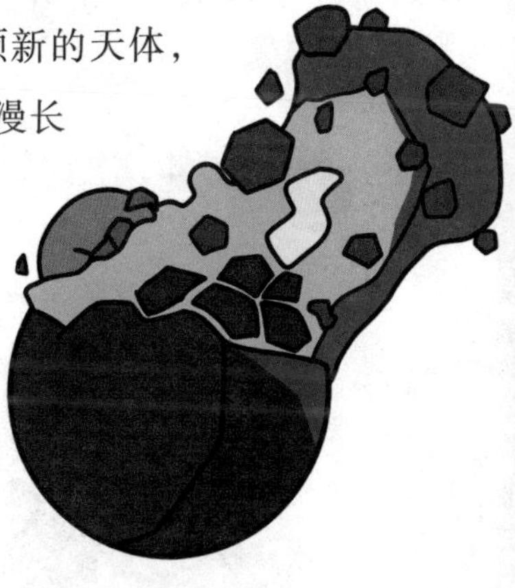

“忒伊亚”撞击地球想象图

现其成分与地球地壳是极为接近的。

按照这种猜想来看待月球与地球的关系，会觉得月球与我们如此地亲近，而在月球成为地球的卫星以后，它对地球的影响也非常重要，甚至能决定地球上的生命演化。

因月球的引力作用，最初自转速度很快的地球从原来的10小时周期渐渐变成了现在的24小时，地球的公转周期也得到了调整，同时，在月亮引发的强力潮汐与地球自转的共同作用下，海水产生的能量蓄积在海洋中进行着传递，从赤道到两极，从海洋到天空，温度在逐渐改变，因此原本昼夜温差很大的地球在气候与季节上变得更为适宜生命生存。

更为奇妙的是，早期月亮与地球的距离只有现在的十五分之一，它巨大的引力日复一日吸引着地球上的海水，海水剧烈翻涌着，因此深入了大陆内部，最早的生命物质也在融合中悄悄产生。

拥有月球这颗并不普通的卫星，对地球来说是如此重要与幸运。

关于月球的形成，19世纪末乔治·达尔文提出的“地月一体”假说认为，月球是因地球的离心力而脱离熔融状态的一部分地球形成的，后来，“撞击说”的猜想被提出，而该猜想最早跟一个地质现象的发现有关，那就是著名的“大陆漂移假说”。

德国气象学家阿尔弗雷德·魏格纳（Alfred Wegener，1880—1930）1912年在病床上观看世界地图时，意外发现各大陆的形状、构造有吻合之处，他于是以此为基础提出了“大陆漂移假说”，他的理论认为地球远古时只有一块“泛大陆”，泛大陆破裂漂移后成了现在的这些板块。

“大陆漂移假说”在当时遭到了很多人的反对，但美国的雷金纳德·戴利很早就是该假说的支持者，他还进一步提出月球是行星撞击了地球“泛大陆”后形成的，并在1946年发表了相关论文，使“撞击说”成了后来为人们接受的主流学说。

9. 月有阴晴圆缺

不论身处何地，人们总会很容易注意到高悬在天空的月亮规律地变幻着“容颜”，它以大约一个月为周期循环变化，圆缺不同的形态也牵动着人们内心的情感，让人联想起世间的那些离合悲欢。

月亮这样周期性的模样变化被称为“月相”，古希腊人就已经知道月相是因为阳光照射角度的不同而产生的，并不是月亮本身在改变。那月相到底是怎样形成的呢？

大家都清楚的是月亮并不会发光，太阳光反射到月球表面才使月球发光，没被太阳照射到的地方是暗的，太阳、地球、月亮相互绕转的运行产生了月相。

正好运行到太阳与地球之间的月球，有半个正对着地球的表面没有反射阳光，这时我们在地球上看不到月亮，此时月相就叫作“朔”；地球刚好在日月之间时，被照亮的半个月亮表面正对地球，我们看到的是个又圆又发光的月亮，这时月相叫作“望”，也就是满月；月亮运行到正好有一半被阳光照亮时，在地球上看到的是半个月亮，这样的月相叫作“弦”，因运行位置的不同，也被分为上弦月和下弦月，由朔到上弦月，月亮被一点点照亮时呈现的月牙，就是蛾眉月。

月相变化的平均周期为29.5天，它的规律性变化产生的“朔望月”，就像时间刻度一般可以被计量，在人类文明的早期，一些天文历法制作的依据便由此而来，比如中国的“农历”，也即“阴历”历法，每月的“初一”对应着“朔”“十五”对应着“望”。

月相变幻的同时，因日、地、月三者位置的改变，在月球上偶尔会出现一种特殊的天文现象——月食。月食其实有月全食、月偏食和半影月食三种类型，发生月食离不开地球影子的影响。被太阳照射的地球会在身后投下巨大的阴影，其中阳光完全直射后地球所产生的全暗投影被称为本影，而只有部分直射产生一半明一半暗的影子就是半影。

在满月的日子并且日、地、月几乎或完全连成一线时，运行的月亮进入地球投下的本影又移开，人们就会看到满月逐渐被完全遮住又慢慢出现，这种现象就是月全食；但因为月球的运行轨道与黄道呈一定的夹角，所以大多数时候日、地、月并不能连成三点一线，如果满月时月亮只有一部分进入地球的本影，形成的就是月偏食；如果月亮移动到地球半影区，整体亮度就会变暗，这种叫作半影月食，只是这种情况比较多见，又不容易用肉眼来辨别，所以不太为人注意。

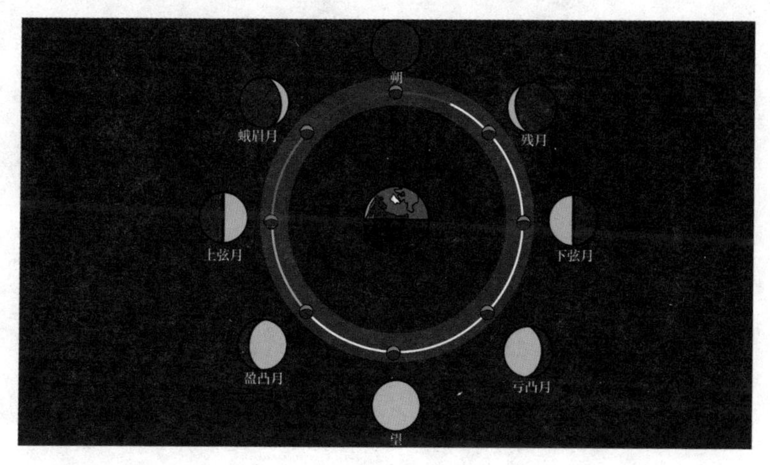

月相变化

每年其实都会有两到三次月食，地球比月球的体积大得多，所以每次月全食持续时间可达100分钟，整体时长较长。自古以来，这种明显的天文现象已不断得到记录与研究。

公元前2000多年的苏美尔人已经在泥板书上画过月食；公元前4世纪亚里士多德仅以月食发生时的圆影，就推测得出了地球形状是圆的结论；天文学家喜帕恰斯生活在公元前2世纪，他认为如果从地球上两个较远位置观测月食的话就可以测出地球经度，还能由月食推断日、地、月的相对大小；而中国东汉的张衡，也通过观测明白了月食发生是地球投影所致。

美丽的月亮不仅在夜间照耀着大地，将柔亮的光辉洒向黑暗的角落，它的变化与“蚀”也让人们对天文及日、地、月体系更加了解，仅仅是抬起头不借助任何仪器望一望月亮，多一点留心观察，它就会向你诉说天空的未知秘密。

古代的普通人因不了解日食、月食发生的原因，所以在这些现象突然出现时，总会引起很大的骚动，上到王公贵族下到普通百姓，都会惊恐不已，害怕是老天的责罚。在大航海时代，人们已经明白了日食和月食的原理，哥伦布于发现新大陆的途中，就曾利用月食现象吓唬过尚未开化的部族。

1504年，哥伦布到达牙买加后，与当地部族产生了冲突，在不利的局面下，哥伦布突然记起天文年表中有不久后会发生月食的预测，于是哥伦布恐吓土著居民，称月亮将会被夺去光明，那是上天对他们的警告。月食果然如期而至，血红的月亮也吓坏了不明真相的土著，他们对待哥伦布一行人的态度立马改变。这其实是月食在发生时，因红光波长较长，在大气层产生了折射，才使月亮呈现了古铜、红、橙等颜色。

10. 给月亮画个像

神秘的月亮总能激起人们无限的想象。在中国的神话里，古人将嫦娥、玉兔、吴刚的故事都编排到了月亮上，那是因为可以看到月亮的阴影部分，但它为什么有阴影？月表是什么样子的？月亮上到底有什么？人们最初凭借肉眼所见与猜想描摹月亮的样子，随着认知的进步，关于月亮的绘图也从朦胧一步步走向科学。

据我们所知，最古老的月球绘画图早在公元前3000多年时就出现在了爱尔兰，后来月球一直不断被人们充满感情地描绘着，文艺复兴时期达·芬奇也曾画过一些月球草图，首幅较为科学的月球图则是1603年由威廉·吉尔伯特用肉眼观察绘制的，他还给月球表面的十几个明显的表征进行了命名。直到1609年伽利略的“望远镜大发现”，月球真实的表面形态才为人所知，虽然在他之前已有人通过自制望远镜观测发现了月球阴影并绘制了月形图，但并没有很好地解释阴影形成的原因。

伽利略发现月球跟人们想象的大为不同，它是一片干涸粗糙的不毛之地，上面布满坑洼，也有耸起的山丘和平坦的原野，他绘制了山脉的图像，还根据山脉的阴影测算了它们的高度，并绘出了全新的月球地图。

1647年，约翰·赫维留发表了第一部月球地图集《月图》，它的权威性在欧洲天文学界影响了一个世纪之久。随后的1651年，有一位意大利修士里乔利在其所作的《新天文学大成》中，以一套系统的方法为月球上的不同地形进行了命名，比如他为盆地起名为月海，危海、澄海、丰富海都得名于他，直到现在月球的地形命名还在沿用他的方法。

随着了解的深入，人们得知了月球的地形分布。月球上较明亮的高地被称为月陆，大型平坦的盆地被称为月海，月海总面积约占月表面积的五分之一，在全部22个月海里，19个都朝着地球。月球上也分布着山脉，最高的山竟然高达10000米，最大的山脉叫作亚平宁山脉。占月表面积最多的是环形山，也叫撞击坑或陨石坑，它们的形成与太阳系最初的惨烈环境和“后期重轰炸”有关。月球其他的地形比如月溪、月丘、月谷等也都和它们的形态相关。

但是月球背面长什么样子，只能靠人类漫无边际的猜想，苏联在1959年发射的“月球3号”探测器发回了月球首张背面照片，这才让世人看到了月球另一面的风采。月球的背面并不像正面一样平坦，它更为崎岖和多洼，遍布着许多环形山。此后在1966年，第一张月球背面地图也得以问世。

如今，研究月表、绘制地图已发展为一门专门的学科“月面学”，科研人员和绘图师们用科学的方式来测绘、分区、命名月表的地形，为研究月球的物理特性提供了重要依据。

2022年，中科院地球化学研究所联合多家单位发布了一款彩色的月球图像——1∶2500000月球全月地质图，是目前世界上最高精度的全月地质图。这幅月球地质图全面展示了月球表面的地层、构造、岩性、物质分布和年代学等方面的地质信息，反映了月球岩浆作用、小行星撞击事件、早期火山活动等月球形成过程中较大事件发生的痕迹，堪称目前世界上最完整、最详细、精度最高的月表地质图，为今后我国乃至全世界的探月和登月活动提供了宝贵资料。

从2004年“嫦娥工程”正式立项算起，从“嫦娥一号”到“嫦娥五号”，从“玉兔”车到“鹊桥”卫星，中国的月球探测工程用短短十多年时间，已实现了由无人探测器绕月到月球背面软着陆以及月壤取样的不断突破。月球未来的宏图，也等待着人类新的描画。

约翰·赫维留（Johannes Hevelius，1611—1687）是波兰天文学家，也被称为“月面学创始人”。他出生在啤酒酿造世家，后来还做了但泽市议会议员和市长，不过在大学学法律的赫维留1639年时将个人兴趣转向了天文学，因为在青少年时期他的老师就是一位对数学和天文学颇有研究的学者，他因受到天文学启蒙，还学习了与天文仪器相关的制造及雕刻术。

为了进行观测，赫维留还在自己家中建起了一座私人天文台，他曾花费数年时间观测太阳黑子，记录月球表面的地形。赫维留出版的《月图》一书收录了他自己雕刻与绘制的

60幅精美图画，这是一项前所未有的工作，赫维留因这些贡献被称为“月球地形研究创始人”。此外，在星图的绘制、行星彗星的观测、天文仪器制造方面，赫维留都有不俗的成就，但泽市也留存了关于他的纪念标志。

11. 奇特环形山

如果你第一次拿起望远镜观看月球，一定会感到触目惊心，那些在月表分布最广、大小各异的环形山，完全破坏了你对月亮的美好幻想，它们让月亮看起来像个“大麻子脸”，一点儿也不美观和诗意，但是这些环形山透露了月球的许多信息。

环形山也被称为“撞击坑”或“陨石坑”，从这个名字就可以推测出，它们是小行星或者彗星等天体撞击月球后留下来的痕迹。不过，这么多的环形山是怎么形成的，在月球被探测器观测到之前，一直存在很大争议。一种说法是月球上存在的许多火山喷发之后形成了环形山，喷发后火山又全部熄灭了。

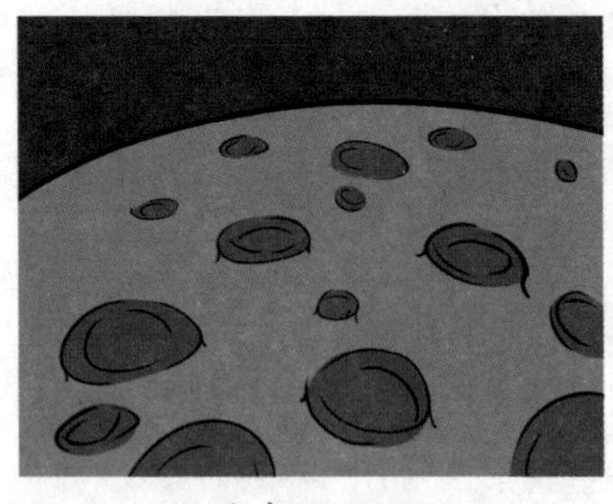

月球表面环形山

除了月球，其实其他行星上也广泛分布着环形山，比如地球，但地球的地表因为风化、侵蚀、板块运动等地质变化，遗留的环形山的痕迹很少，大约只有150个能被辨认。科学家们研究了地球上的环形山之后，有的认为它们是强烈的火山爆发形成的，还有的认为是撞击而成。20世纪60年代，美国的尤金·舒梅克经过大量的研究确定，环形山的冲击形态只有撞击才会形成，再加上月球照片对环形山的近距离呈现，人们认可了“撞击说”。

如今，科学家们于月球表面探明了33000多个直径达1000米以上的陨石坑，直径1米以上的陨石坑总数多达3万亿个，因此月球上的陨石坑大坑叠小坑，密密麻麻。

这么多环形山的构造虽然看起来大同小异，但还是有各自不同的特点。月球上一些大的环形山坑底中间有的会形成中央峰，一些直径达上百上千米而没有中央峰的陨石坑，也被非正式地称为“盆地”，比如月球最大的盆地“南极-艾特肯盆地”，直径达2500千米。

有的撞击坑因冲击波扩散还会在环形山周围形成辐射纹，比如第谷环形山周围就有很明显的明亮条纹，如果是满月，条纹就会更明显，最长的一条辐射纹有1800千米长。第谷环形山是月球上最年轻的大

盆地特写

撞击坑，受侵蚀较少所以状况良好，辐射纹的存在则是年轻环形山的特征，它们以陨石坑为中心，如同车轮的辐条一般向外延伸，呈纤细的纵向条纹状。在月球表面有辐射纹系统的环形山有近50座。

那么月球上环形山的形成时间大概在什么时期？因月球没有大气层和板块移动等，环形山就没有受到相应的侵蚀，环形山的原貌就得到了很好的留存。经检测得出，环形山的地质年龄超过了20亿年，并且那些越古老的陨石坑，叠加的小型陨石坑也越多。

在研究太阳系诞生的过程中，科学模拟出的一段“后期重轰炸期”无疑是月球及其他行星上众多环形山形成的主因，从月球的环形山面貌，能推断出地球在早期形成时也曾遭遇过狂暴的“行星雨”撞击。

月球上如此多的环形山如何辨识？这就需要用系统的命名方法将其命名归纳。在现代，国际天文学联合会将月球上的大部分陨石坑以古代天文学家或有杰出贡献的学者、科学家、艺术家、探险家等的名字来命名。在月球背面分布的几座环形山，致敬了中国古代科学家，它们被命名为石申、张衡、祖冲之、郭守敬，等等。

人们不会忘记那些探索星空的前行者们，每一个怀着好奇心的普通人在观测月球的同时，也一定会感念前辈的付出与探索精神。

月球环形山的现代命名有不少是承袭意大利修士里乔利的命名规则。在他发表于1651年的《新天文学大成》中，他将月球表面划分为8个区，并用罗马数字来排序，环形山也即陨石坑的命名同样是按照区域的划分而来。

不过，因为里乔利同时也是一名天主教神父，所以他的命名很大程度上带着非常强烈的个人好恶色彩，比如在前三个区域，陨石坑多以古希腊先贤来命名，如柏拉图、阿基米德等；中间的区域，采用的是恺撒、塔西佗等古罗马帝国时期名人的名字，下部采用的是中世纪的欧洲及阿拉伯学者的名字；远离中心的外侧，里乔利使用了与他同时代的名人名字进行命名，但是像哥白尼、开普勒、伽利略等伟大的天文学家，因与他的观念不同，被他“驱逐”到了边缘地带“月海”里的小环形山上。

12. 登月：前所未有的壮举

随着人类科学技术的飞速进步，地球上的未知区域如南极、北极也都一一被揭秘，走出地球、一探太空的雄心壮志一直吸引着人类。作为离我们最近的天体，月球获得了人类越来越全面的了解，登上月球已不再是梦想，而是可以计划并逐步实施的宏伟目标。

目前在人类探索月球的所有观测、实验、研究中，登陆月球可以算得上是一个艰难又具有巅峰意义的阶段性成就，这些非凡成就的取得源自20世纪50年代的美苏太空争霸。

美国在1958年创立美国国家航空航天局前，苏联已经于1957年10月4日成功发射了世界上第一颗人造卫星，没过多久，苏联宇航员尤里·阿列克谢耶维奇·加加林又成功在1961年飞上了太空，这是人类第一次绕地飞行任务，宣告了苏联在载人航天领域的领先地位。跟苏联一较高下的美国也马上展开了一系列探测计划，“阿波罗计划”（Project Apollo）就是重要项目之一。

NASA到目前为止最宏伟的探月计划就是阿波罗计划，它成功实现了载人登陆月球且安全返回地球。美国休斯敦载人航天中心在1967年9月提出了登月的系列任务，之后阿波罗7号、

“阿波罗11号”登月成功

在月球上驾驶月球车

8号、9号、10号分别完成了环绕地球、环绕月球、载人交会对接、环绕月球等载人任务，一步步为登陆月球积累了经验、铺平了道路。

“阿波罗11号”在1969年7月16日成功发射，一个对全人类都有着开创意义的日子——7月20日，尼尔·阿姆斯特朗（Neil Armstrong，1930—2012）走出了“鹰号”登月舱，成为第一个登上月球的人，奥尔德林也跟他一起见证了这个非凡的时刻，而第三位宇航员科林斯则需要在月球轨道驾驶指令舱。

阿姆斯特朗在月球上踏出第一步的情景随着他那句名言“这是个人的一小步，却是人类的一大步”实时通过电视传遍了全世界。对于全人类来说，这确实是一个值得纪念、由地球迈向新星球的一大步。两位宇航员在月球探测了130多分钟后，带着采集的21.55千克月球岩石样本开始返回地球，“阿波罗11号”宣告了人类登月梦想的成功。

阿波罗12号、14号、15号、16号、17号在之后也都成功完成了登月任务，每次任务都送两位宇航员上了月球。六次登月行动带回了381.7千克月球岩石样本，为月球的成分、构成、起源研究提供了珍稀样本。

科学家们分析这些月岩样本，得出它们比地球表面的岩石更为古老，由此可以推断月球的诞生时间是在太阳系形成的早期。样本中的元素与地球岩石极为相似，尤其是氧的含量，但月球岩石样本中铁、钾、钠等元素含量极低，也并不含水。

阿波罗登月宇航员在月球上还留下了反射镜等用于科学实验的仪器，反射镜用于测量地月距离，这些年通过从地球上发射激光后反射回来的时间得出了月亮每年在以3.8厘米的距离远离地球，印证了此前一些学者的猜想。宇航员还在月球表面安装了地震仪用来研究月震现象。

1972年12月，“阿波罗17号”登月任务的完成，宣告了阿波罗计划的结束，该工程投入了约250亿美元的巨资，此后直到现在，美国也没有实现再次登月，其中的艰辛与人力物力资源的巨大耗费可想而知。对中国来说，探月工程，即“嫦娥工程”的开展，同样是对登月梦想的真实映照，在不远的将来，载人登月这一梦想终会实现。

美国阿波罗计划取得巨大成果的同时，也包含着失败与危险，如在“阿波罗1号”测试中丧生的3名宇航员，还有几乎让宇航员丧命的失败又惊险的“阿波罗13号”计划。

“阿波罗1号”在进行测试时，指令舱由于线路短路和纯氧环境，突然的大火在15秒钟内夺走了3名宇航员的生命，为了铭记这次事故，原名为AS-204的任务被定名为“阿波罗1号”，这一事故对美国航天事业造成了重大打击，“阿波罗7号”时才重启了载人太空飞行项目。

而在完成了两次成功的登月任务后，“阿波罗13号”因氧气罐爆炸，主引擎受损，只得在抵达月球前放弃了登月计划。飞船利用月球引力进行变轨返回地球，在极端的条件下3名宇航员挨过了生死难料的4天，最终降落到南太平洋被营救，这一次任务没有造成伤亡，因而也被称为“成功的失败”。

第三章 …

遨游太阳系

1. 饱受摧残的水星

墨丘利（Mercury）在罗马神话里行走如飞，因此成了为众神们传递消息的使者，水星的英文名Mercury也来源于此。古代的人们观察到水星总是在天空很快地出现又消失，并且还出现在天空不同的位置，就将它与神话中的信使墨丘利联系了起来，甚至古人还曾将过于活跃的水星当作了两颗不同的行星。

其实这是水星公转周期较短的缘故，差不多当地球完成1次公转时水星已经完成了4次公转，并且当水星运行到日地之间时，会出现水星逆行的现象，这时从地球上观察到它在黄道面上的轨道就发生了逆向改变。

因为水星是太阳系内距太阳最近的行星，水星公转的周期仅为短短88天，它的自转周期是59天，当它完成3周自转时，也刚好公转了2周，这种公转很快的现象，与水星离太阳太近、受太阳强大的引力影响有关，也跟水星自身体积、质量太小关系密切。

在太阳系八大行星中，最小的水星到底有多小？它只比月球大三分之一，它的体积和质量分别为地球的5.6%与5.5%，甚至比木星和土星的一些卫星还要小，这样的特性造就了水星的独一无二。因为水星运行速度快，太阳引力过强，到现在也只有NASA 1973年发射的“水手10号”、2004年发射的“信使号”两个探测器到过那里，它们的探测结果，让人们重新认识了一个与想象中不同的水星。

水星与月球地表类似，表面分布有很多环形山，此外也有着广阔的平原与悬崖峭壁、裂谷等地形，北半球更是以平原为主，除了环形山还有几百几千米长的陡坡。水星上的环形山，也就是陨石坑，不像月球高地的陨石坑被撞击得那般严重，它的一些陨石坑也有辐射纹，其中直径超过100千米的陨石坑有15个，最大的“卡洛里盆地”是水星地表最为显著的特征，直径达1550千米，这个古老的撞击坑是人类目前已知太阳系内几大陨石坑之一。

至于水星的内部，则跟地球的构造比较相似，也是由内核、地幔、地壳这三层组成的，但水星的地幔较薄，内核则是比月球内核大得多的液态铁质内核，所以水星含有极为丰富的铁资源，但为何它的内核呈液态，还是个谜。

水星另一个与月球的相似点是它也没有大气层，或者说是它的大气差不多稀薄到可以忽略不计，科学家推测这可能是因为水星引力太小，表面温度高，使得气体更容易被蒸发，或者是在它形成的早期，因小行星撞击和太阳引力的双重作用，大气被剥离了。

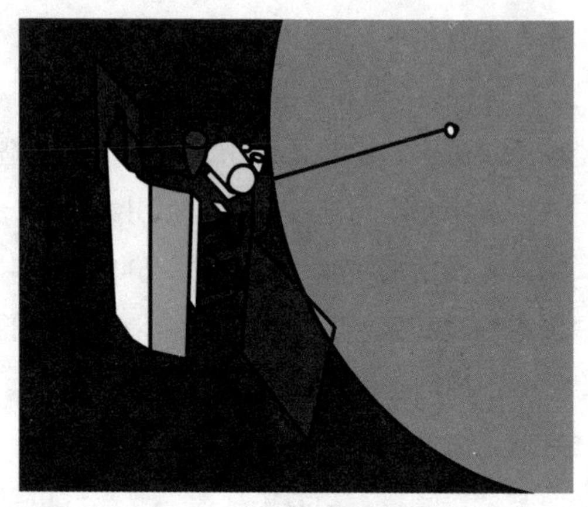

“信使号”与水星示意图

水星表面因没有大气层，昼夜温差极大，最高温度在白天达近430摄氏度，最低温度在夜晚则只有近零下200摄氏度，并且因水星自转轴差不多跟它自转的轨道平面垂直，所以水星上没有四季变化，赤道与两极的温差也就更大。

水星自转轴的垂直特性是较为罕见的，常年照射不到阳光的两极温度很低，探测器因此还在水星北极地区的坑洞处发现了冰的存在，这是个重大发现，极有可能是小行星撞击后留存的证明。

因为探测难度大，最初又以为水星是不毛之地，所以天文学家们对水星的研究并不太青睐，但曾经的两个水星探测器已为人类探知了水星地貌、岩石和大气构成成分等基本信息，这颗其貌不扬、运行速度快、体积又小的行星的特性也因此更加清晰起来。

因水星离太阳太近，受太阳引力的影响很大，并且它本身的公转速度又快，所以想要探测水星，就需要仪器在克服巨大太阳引力的同时还要保持高速运动，这无疑是个高难度任务，对探测器的技术有很高的要求，“信使号”的发射及到达采用的就是一条极为复杂的飞行路线。

“信使号”2004年8月3日发射升空后经历了6年多时间，在一次飞掠地球、两次飞掠金星、三次飞掠水星后，终于在2011年3月进入了水星轨道，是第一颗唯一绕转水星的探测器。之后的4年时间里，“信使号”绕水星飞行了4000多圈，拍摄了大量照片，对水星进行了较为详尽的探测，这一结果弥补了“水手10号”此前仅能飞掠拍摄水星不到一半区域的遗憾。“信使号”在2015年4月30日撞向水星后完成了自己的使命。

2018年10月20日，“贝比科隆博”水星探测器由一枚阿丽亚娜5型火箭从法属圭亚那库鲁航天中心发射升空。计划将经过7年的太空飞行，在地球、金星和水星附近进行9次引力控制变轨，于2025年抵达水星。这是人类发射的第3颗水星探测器，将为我们进一步了解水星做出贡献。

2. “住”在金星上的“女神们”

与不起眼的水星相比，地球上我们裸眼可见的天空里，除日月以外，最明亮的星就是金星。金星总在清晨或傍晚出现在天空，有时在东，有时在西，它的明亮能够被一眼看到，中国古代称它为“太白星”“启明星”或“长庚星”。人们对这颗星抱有巨大的研究热情，目前已有40多颗探测器拜访过金星，我们也因此得知了关于金星的翔实信息。

金星“看上去”与地球太相似了，它的构造跟地球很像，同样是一颗有着浓厚大气层的固体行星，大小、质量、密度跟地球差不多，它的半径只比地球小3千米，质量是地球的五分之四，平均密度是地球的95%。所以在人类还未能实地去探测金星前，天文学家们就根据这些基本数据满怀希望地将金星称为地球的孪生姐妹。但实际情况究竟如何？金星真的是跟地球一样的宜居星球吗？

真相令人大跌眼镜，金星的自转周期与方式比较奇怪，公转周期为225天，而它的自转周期却有243天，也就是说，在金星上度过一天的时间比一年还长，金星是太阳系八大行星里自转速度最慢的。并且与其他行星自西向东逆时针自转截然不同的是，金星是自东向西顺时针自转的，若从金星上观测，就会看到太阳从西边升起，从东边落下，虽然这样的日出日落一百多天才能看到一次。

金星的顺时针自转原因成谜，科学家只能猜测最初它应该也是自转较快且逆时针自转的，可能遭到了小行星撞击改变了自转方向，又或者是太过浓密的大气层产生的潮汐效应使其自转速度大为减缓。

如果我们离近了看探测器拍摄的照片，就会发现金星上并没有海洋陆地之分，也没有磁场与生命迹象，它厚厚的大气层将金星表面变成了对生命来说相当恐怖的高温高压环境——97%的二氧化碳和二氧化硫、硫酸、少量氮氩、一氧化碳、水汽与氯化氢等成分构成的大气层，把大量太阳热量吸收进去，所以金星表面的最高温竟然有464摄氏度。

所以虽然水星离太阳更近，但金星却是拥有更高温度的行星，金星也是太阳系内温度最高的行星，再加上高气压（是地球气压的93倍），金星上的水早已被蒸发殆尽。

苏联“金星9号”探测器在1975年第一次把拍摄的照片传回了地球，该探测器仅坚持了53分钟，但也足够让人类看到金星的一些地貌特征。后来，陆续又有探测器进行了探测，科学家终于知道了金星表面十分之九的构成都是火山喷发后的玄武岩，一整块的岩石覆盖了金星，因没有风化和地质运动，岩石保持了原本的坚硬与棱角。

科学探测得知金星表面岩石形成的年代很新，与地球的表面差不多，只有几亿年的年龄，它的地表约有1000个陨石坑，直径均为几千米，北半球的“伊师塔地”与南半球的“阿佛洛狄忒地”，是金星最大的两个大陆状高地，高地之间则是广阔的低地平原。

20世纪90年代，“麦哲伦号”已用雷达成像系统描绘出了一幅完整的金星地图，它表面最高大的山脉被命名为“麦克斯韦山脉”，最高峰比地球的喜马拉雅山还要高，但有趣的是，除了这座以男性科学家命名的山外，金星上剩余的地貌全都是用神话和现实里女性的名字命名的。金星以古希腊神话中美神的名字维纳斯（Venus）命名，虽然金星的环境极其恶劣——高压、高热、有腐蚀性，与美毫不搭边，但它寄托着人类美好的祝福与愿望。

在天文史上，有一项困扰了科学家长达千年的难题，就是如何测得日地距离，只要知道这个距离，太阳系行星间的距离、太阳系的范围、其他恒星与天体的距离就都能计算出来。

1691年，在前人的基础上，埃德蒙·哈雷提出可以于金星凌日时在地球不同的位置进行观测，综合全球数据计算出日地距离，但这个机会只有一百多年一遇，最近的观测时间是1761年和1769年，这是金星凌日现象成对出现的两年。1716年哈雷正式提出这一计划时，他已经60岁，在他的有生之年他必然无法知道这一结果了。

到了1761年，金星只从太阳边缘掠过，观测条件不好，8年后，由多个国家几十名天文学家参与的全球多地同时观测终于完成，科学家计算出的日地距离与今天得知的1.5亿千米相差不大，太阳系大小也由此明确。

3. 火星火星，请回答

地球居民最为关注的太阳系内的行星就是火星。到底有无“火星人”？他们会不会来侵略地球？我们能不能移居火星？在那些神秘的地球奇谈和宇宙未解之谜中，总会有从来没人见过的“火星人”的身影出没。科学家们也投入了很多精力去探索火星，并且有相当一部分学者坚信火星上有生命存在，如此热门又富有魅力的火星，究竟能用怎样的事实来答复人类的好奇心？

古代的东西方，大部分文明不约而同地都将红色的火星视为不好的征兆，中国称它为“荧惑”，因它忽东忽西、时明时暗不停地变化，“荧惑守心”则是指火星运行到了红色心宿二的附近，被视为大凶。在古希腊、古罗马和北欧的神话中，火星都与战神联系在了一起，它是战争、瘟疫与死亡的象征，火星便是得名自古罗马神话里的战神马尔斯（Mars）。

可火星的红色仅仅是因为这颗行星表面的岩石中含有大量的氧化铁，这颗铁锈红的星星，根本与地球的灾难无关，它跟地球的相似性倒是非常有意思的研究课题。

虽然火星的质量不过是地球的十分之一，半径也只有地球的一半，是太阳系第二小的行星，但它这颗类地行星，同样有着致密的内核与外部岩石圈。火星自转轴的倾斜角度与自转周期都跟地球差不多，公转周期则是地球的两倍，所以在火星上也有与地球相似的四季和昼夜之分，它的两极也因此覆盖着冰雪。

只不过，火星大气稀薄到气压只有地球的百分之一，火星上没有地球这样的板块运动产生热量，所以它表面的气温很低，平均只有零下五六十摄氏度，这个事实跟它中文名称中的“火”是多么迥异。又因为火星质量小，磁场逐渐消失，饱受太阳风侵蚀的大气层被逐渐剥离，火星上的水分也被急剧蒸发了，现在人们看到的，是与几十亿年前布满河流湖泊大海、有大量水存在的湿润火星完全不同的荒漠火星。

南北半球呈现不一样的地貌，也是火星的鲜明特点，北半球地势平坦，南半球高地山峦层叠，布满了陨石坑，这极有可能是大碰撞后火山喷发的岩浆覆盖了北半球的痕迹。火星赤道附近有太阳系最高的火山——奥林匹斯山，它的高度是珠穆朗玛峰的两倍多。由于占地面积巨大，虽然它的高度是珠穆朗玛峰的两倍多，但平均坡度只有5度，可以想象是很容易攀登的。

与高峰对比强烈的，是位于“塔西斯高地”的巨大裂谷“水手峡谷”，它沿着火星赤道分布，长度竟然可达火星赤道周长的四分之一，峡谷内部沟槽纵横又复杂。另外，在严寒又干燥的火星上，天气也并不舒适，狂风刮起漫天的沙尘暴，可以将整个火星笼罩，常常持续数个星期。

NASA曾于1964年发射的人类最早去往火星的探测器“水手4号”传回的火星照片跟月球很像，它表面一片死寂。后来经过“水手9号”“奥德赛号”“勇气号”“机遇号”“好奇号”等探测器数十年的不断探测，科学家逐渐发现了火星的河床痕迹、南北极的冰盖、曾经存在过湖泊与海洋，甚至地表还有有机分子留存等许多事实或证据。2021年中国发射到火星上的“祝融号”火星车，也持续进行着探测研究。

这些探测器的每一次新发现，都能重新引起人们对火星的热切关注，同时科学家也绘制出了相当详细的火星表面地图，更让火星成为除地球以外人类最为了解的行星，这份不灭的热情也许在不久的将来就能解答人类对火星上是否存在生命的疑问。

法国知名天文学家同时也是科普作家的弗拉马利翁曾宣称火星上有智慧生命，意大利的斯基亚帕雷利在19世纪70年代时观测到火星上遍布着由复杂直线构成的图案，他把它们称为“沟渠”，又被误传为“运河”，经媒体宣传后，人们都猜测那跟智慧生物有关。

那个时代适逢地球上一些大型的人造运河工程相继完工，在这样的时代背景下，以及个人的兴趣使然，做过成功商人、外交官、畅销书作家的美国天文学家罗威尔对“火星运河”深信不疑，他出资修筑了一个天文台，主要观测火星上的“运河”，该天文台进行了很多年的观测，绘制了700多条“运河”。他发表了相关的文章，出版了图书阐释火星上的“运河”及智慧生命，其他学者对此提出了异议与质疑。探测器最终证明“火星运河”是不现实的，但这依然难挡普通大众对“火星人”的热情。

4. 伽利略与木星

伽利略是意大利著名物理学家、天文学家，他把自制望远镜对准天空观测的1609年，是天文学全新的开局之年，他观察所得的那些重大发现，彻底改写了天文学史的走向。在他1610年1月7日透过望远镜观察木星时，一场小小的风暴即将产生。

当天夜里伽利略记下了自己对木星的观测，“三个固定的天体因渺小而几乎不能被看见”，接下来的日子，他持续地观察木星，那三个他认为是固定的排成直线的天体，不时地改变位置，有时其中一个还会消失不见，每一次伽利略都画下了这几个小黑点的位置，他没多久就认识到一个事实——这几个天体其实在环绕木星运行，并且它们的数量是4个。

这4颗后来被天文学家命名为“伽利略卫星”的卫星，直接戳破了“地心说”的谬误，引发了天文学革命，因为它们不属于地球。木星的这4颗大型卫星加尼美得、卡里斯托、艾奥和欧罗巴，各有特色，是目前已知的木星79颗卫星中的4颗。

古罗马神话中的主神“朱庇特”就是希腊神话中的宙斯，木星的英文名Jupiter正得名于此。如同朱庇特众神之王的身份，木星在太阳系也确实是行星之王，这颗橙色的星球距离太阳7.78亿千米，直径是地球的11倍多，质量更是太阳系其他7颗行星总质量的2.5倍。

它是颗巨行星，也是天空中除了日月和金星之外最亮的天体。木星自转速度很快，不到10个小时就自转一周，公转则需要12年的时间，所以中国古代也称木星为“岁星”。

伽利略卫星

在构造与性质上，木星跟太阳很类似，它主要由75%的氢与24%的氦组成，内部的核心是由铁和硅构成的致密固体核，温度可达3万摄氏度，由内向外还有木星幔及大气层，浓密的大气层厚度约1000千米，大气层每年有200多天会频频爆发剧烈的闪电。跟太阳一样，木星也存在“较差自转”，赤道地区的气体会因此隆起，让木星整体呈扁球体的形状。

木星有着10倍于地球的强力磁场，同时它也在向外释放着巨大能量，这是木星内部存在热源的证明。当“旅行者1号”1979年掠过木星时，它让人们第一次看清了木星由尘埃组成的微弱光环。

木星与太阳系其他每一颗行星一样，是如此特别，在它的大气层，南纬23度附近，存在着一个耀眼的“大红斑”。大红斑其实是木星大气中与自转方向相反的云带运动而形成的反气旋风暴，它是太阳系最大的风暴。从它第一次被英国的科学家罗伯特·胡克观察到的1664年起，它已经持续存在了300多年，只是，大红斑真实存在了多久，一直存在的原因是什么，还不太为人所知。

而木星大气层的复杂程度其实远超人们想象，第二个去往木星的探测器“朱诺号”，于2011年8月发射，历时4年11个月，才在2016年7月5日进入绕木星飞行的轨道。根据“朱诺号”2018年的探测，科学家发现了木星大气层南北极神奇的现象：北极一个极地大气旋的周围环绕着8个小气旋，南极与此类似，有5个小气旋环绕着极地气旋。这颗巨行星还有着更多的未知奥秘等待着未来的科学家们去探索。

第一颗木星探测器“伽利略号”，来自NASA，它致敬了伽利略与木星的渊源，有趣的是“朱诺号”探测器也没有忘记这位科学家，它携带的三个乐高玩偶，除了众神之王朱庇特与神后朱诺，另一个就是伽利略，此后木星的探索之路，也许仍会与伽利略的精神相伴。

木星上大红斑的颜色其实并不是一成不变的，它也会呈现白色、粉红、深红等色彩，而它之所以被叫作“大红斑”，是因1711年意大利画家克雷蒂在一次太阳系主题画展上，将展出的木星图上的这个大气旋染成了红色，受到了大家的喜爱。

大红斑的位置被固定在一定纬度，只能东西向移动而不能南北向移动，这是两股东西方向流动的气流夹击所致。大红斑的大小也是会变化的，相比于最初有4个地球那么大的体量，如今被观察到的大红斑在慢慢变小，而在它的附近，科学家于2000年3月观测到，3个小气旋风暴合并成了1个新的巨大气旋风暴“小红斑”，这些年来，小红斑一直在长大，体积已经超过了地球直径，不久的将来，它很可能取代大红斑成为最为强大的气旋风暴。

5. 土星环的秘密

作为人类自古以来看到和记录的五大行星之一，土星（Saturn），因为它所呈现的独特黄颜色，而获得了古罗马神话里农业之神萨图尔努斯的名字，与之相似的是在中国，依据五行它被命名为“土星”，或许在中西方文化里，它都寄托了人类农耕文明的美好祈愿。

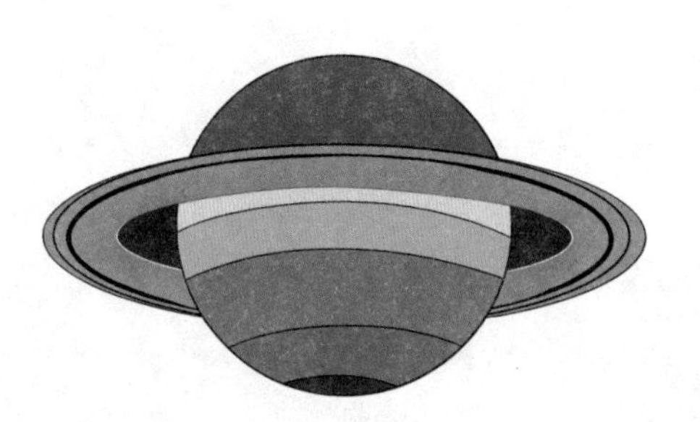
土星

土星相比于地球来说就是一颗又大又冷的气球。这颗距离太阳约15亿千米的行星，如木星一样是一颗气态行星，因为远离太阳，土星的表面温度很低，平均温度为零下178摄氏度。它的质量约为地球的95倍，可密度是平均每立方厘米不到1克，比水的密度还要小，是太阳系所有行星中密度最小的行星，但是以土星的体积，能装得下750个地球。

土星的土黄色，是大气层中氨晶体的颜色所致，土星整体的主要构成成分为氢，此外则是氦与一些微量元素。人们基本只能靠猜测来想象土星的大气层下是什么，2017年9月坠入土星的“卡西尼号”，是个环绕土星13年之久的探测器，它给科学家们带去了土星大气的许多研究信息，与它一同发射升空的“惠更斯号”，则最终坠入土星80多颗卫星中最大的卫星“土卫六”（“泰坦”），登陆并获得了这颗卫星的翔实信息。

科学史上，天文学家惠更斯与卡西尼，都与土星研究以及土星环的重大发现有关，对“土星环”这一奇特天文现象的探索，历经了数百载，人们逐渐认识了光环的真面目，虽然至今还有许多谜题尚未解开。

当伽利略1610年用望远镜观测土星时，那时因土星环角度倾斜，他把土星环误认为奇怪的附属卫星，并没有进一步研究，近50年后的1656年，荷兰天文学家惠更斯认为当年伽利略看到的附属物其实是一个薄薄的圆环，他还指出那是离开土星本体的光环。

受邀筹建了法国巴黎天文台并担任首任台长的意大利天文学家卡西尼，凭借过硬的实力，观测到了土星众多卫星中的4颗，1675年，他又取得了重大成果，即发现了土星环中间存在的暗缝“卡西尼缝”，他由此推测土星环是由无数的小颗粒物质构成的，但此后土星环都被当成了扁平的固体物质盘。

100多年后，法国科学家拉普拉斯在其著作《天体力学》一书中，提出土星光环是以固态的窄环形式存在的理论，但在19世纪50年代，英国科学家麦克斯韦证明，土星环不是固态的、完整的，而是由许多非常小的环绕土星运行的迷你卫星组成的。又过了几十年，人类利用更为先进的望远镜终于看清了土星环的构成，证实了麦克斯韦观点的正确。

美丽壮观的土星环的真身，主要是数不清的直径为1厘米到10米不等的小冰块，此外还有少量的岩石块，这些微小颗粒又组成了上千条宽度不等的环带，共同形成了一个巨大的圆环，环内外速度一致地围绕着土星旋转，而环带之间又存在许多空隙，最宽的“卡西尼缝”有4800千米宽。

探测得知，土星环的形成时间很晚，约为1亿年前，其形成原因据推测可能是大型彗星被土星捕获并被巨大的潮汐力撕碎后产生的，或者是彗星与土星的一颗卫星相撞后“两败俱伤”的残留物质，只不过这些都是猜测，并没有证据能够佐证。

土星环的存在其实特别偶然，我们这些能看到土星环的人是非常幸运的，因为许多年后它会慢慢消失不见，可人类会记得，它曾炫目地存在过。

土星的大气层如同木星一样，也会产生风暴，并且土星在30年的公转周期中，当到达近日点时，风暴也会更频繁和强烈，比如有时在地球上很容易就能观察到土星赤道附近大朵的白色云朵，它们有的被称为“大白斑”，直径可达数千千米。

在土星的北极区域，“旅行者1号”最早发现了一朵很规整的六边形云朵，它每一条边的长度都大致相等，约为13800千米，比地球的直径还要长，这朵云自转的周期与土星10小时42分的自转周期接近，更是跟土星内部无线电发射周期10小时39分24秒极为相同。这朵六边形云也被“卡西尼号”观测到了，“卡西尼号”还发现它是会变化颜色的，它由蓝色逐渐变为了金黄色。而六边形云的成因，科学家目前还只能猜测，它可能是某种形式的驻波，或新样式的极光。

6. 发现天王星：莫测的身份

在1781年3月13日之前的漫长年代里，轨道位于木星之外、缓慢旋转的一颗蓝绿色星体，在天空注视着地球上一代又一代天文学家的错误解释。

这颗蓝绿色星体千百年来都是仰望宇宙的地球人的老朋友，著名的古希腊天文学家喜帕恰斯（Hipparchus）早已记录过它，后来的一批批观测者对它形成了相当默契的看法：这只是一颗独立于太阳系之外的常见“恒星”而已。

即便到了17、18世纪，拥有着世界上几乎最优良观测装备的英国格林尼治皇家天文台也上演了一幕幕类似的情景。如天文台第一任台长天文学家约翰·弗兰斯蒂德（John Flamsteed）就至少6次记录过这颗星，后续还有几位台长同样看到了它，也同样把它当作熟知的恒星，没有再深入研究下去，直到一位天文爱好者的出现。

那时住在英国巴斯、天天磨镜子制作望远镜的威廉·赫歇尔（William Herschel，1738—1822），正和家人年复一年地自制大口径反射望远镜。每天晚上，赫歇尔都站在那台12米长、口径1米多宽、架在几层楼高的木架上的望远镜前观察天上的星星，这颗淡蓝色“恒星”是他凝望的浩瀚星海中的小小的目标之一。观测一直持续着，1781年3月13日晚上观测条件良好，赫歇尔结合之前的数次观测结果，确定他有了新发现。

被以往的天文学家忽略了、真相近在咫尺的“恒星”安静地等待着自己的新身份。有着无与伦比的热情和耐心的赫歇尔就要揭示一个轰动全人类的重大事实了。

可是，等等，他在报告里说什么？一颗……彗星？赫歇尔称，它在缓慢移动，而且当望远镜的倍数放大227倍、460倍和932倍以后，那颗星表面发生了明显变化，这与恒星是不同的，所以，它应该是一颗新的彗星。

这是第一次，有人对这颗“恒星”有了不同的意见和定性，面对赫歇尔的这一轰动的发现，天文领域的研究者们兴奋了，纷纷去观测这颗新星，然后人们争执了起来：不太对吧，它好像是……行星？赫歇尔其实心中也有疑惑，那就是，为什么看不见这颗彗星的彗尾呢？

科学家们经过多次计算和证实，最后终于一致认定：这其实是太阳系的一颗新的、第七颗行星。它的距日距离是土星距日距离的两倍，如此遥远的距离使得它引力变小、运行迟缓、温度很低。

这颗行星还有其他奇怪的特点——这是颗冰巨行星，氢和氦是其主要构成元素，其内部是水、氨、甲烷冻结的“冰”和岩石，表面冷冻的云层让它呈现轻微的蓝绿色，它自转轴的倾斜角度有近98度，几乎是在轨道上躺着绕太阳公转。

发现者威廉·赫歇尔拥有给这颗新行星命名的权利，为表达对英王乔治三世的感激和崇敬之情，出生于德国的“新英国人”赫歇尔热切地准备叫它“乔治之星”，英国从国王到民众当然都为此感到无比的荣耀，但是别国的学者对这个名字并不感兴趣，因为自古以来，水星、金星、火星、木星、土星，都是用罗马神话里的神来命名的，于是马上有人提出了一个合适的名字——“天王星”（乌拉诺斯Uranus），但人们僵持不下，直至1850年，公众才最终接受了“天王星”这个名字。

威廉·赫歇尔观星

至此，天王星正式成了太阳系行星家族的一员。

威廉·赫歇尔最早是一名职业音乐家，他加入过军乐团，也曾创作过不少交响曲、协奏曲、奏鸣曲等，他还擅长多种乐器，在很长的时期内他以演奏、举办音乐会和教授学生来养家糊口。只是“一入天文深似海”，他对天文学的喜爱远超其他，于是他狂热又痴迷地不分昼夜地扑在上面。赫歇尔不仅发现了天王星，还观测研究了成百上千的双星和星云并将研究成果编订成册，受其影响，他的妹妹卡罗琳·赫歇尔还有他的儿子约翰·赫歇尔在天文学方面也有不少重大发现。

赫歇尔的贡献远不止于此，1800年，他通过棱镜的分光实验，将温度计放置在红色光谱端的外侧做对照，在这无光的地方，他观察到温度竟比其他颜色的区域都高，赫歇尔由此断定世界上存在着人类看不见的光线类型。红外辐射也即红外线因此被发现。

7. 预见海王星：科学的胜利

在天王星被发现后，科学家们用牛顿定律计算出的它的运行轨道，与实际观测位置总是会有一定偏差，但既然牛顿的理论没有问题，就只能说明还存在一个对天王星产生新吸引力的未知天体，导致了轨道的偏差。

法国的亚历斯·布瓦就是这么认为的，并且他于1821年提出了天王星外可能还有太阳系第八大行星的假设，此后，英法两大天文强国对新行星的发现展开了激烈的角逐。

英国一位初出茅庐的年轻人——剑桥大学数学系的约翰·亚当斯在1843年10月计算出了新行星的运行轨道，并将结果递交给英国格林尼治皇家天文台台长乔治·艾利，可是或许是因为他太年轻被轻视，或许是艾利的忙乱，这个结果并没有被发表。

真相就在眼前，有人忽视它，也有人继续探寻。法国的一位天文学家勒维耶在1846年8月计算出了他对第八颗行星的预测结果，在发表了相关论文后他还把这个结论告诉了柏林天文台的朋友约翰·伽勒，他让伽勒留意那片算出来的可能存在新天体的天空区域，后者马上在那片区域发现了一颗新的明亮的行星——在这样的计算中，海王星被发现了，它也是仅靠计算推测得出运行轨道并被观察证实的行星，这是人类科学的大发现和新胜利。

但是，在海王星的发现被各国天文学界知道没多久，英国格林尼治天文台的艾利台长就想起亚当斯的那个计算结果了，并且亚当斯计算的结果跟勒维耶的很近似，他比勒维耶还早了几年算出来。艾利向全世界公布了这件事，引发了英法两国之间的舆论之争，最终，国际上达成了勒维耶与亚当斯是海王星共同发现者的共识。

后来，直到20世纪90年代，史学家依据英国格林尼治皇家天文台的一些遗留文件，发现其实亚当斯的计算结果与勒维耶的计算结果偏差较大，因此现在不少人认为，勒维耶才是海王星的真正发现者。

在遥远的太阳系远端，历经纷争的海王星孤寂地转动着，它到太阳的距离是地日距离的30倍，公转周期为165年，星球云顶的温度也只有零下218摄氏度，它还有14颗卫星。这颗蓝色的行星得名Neptune是因古罗马神话中的海神尼普顿。它因大气层中的甲烷而呈现蓝色，它大气成分的85%是氢气，13%是氦气，还有2%的甲烷与少量氨气。

海王星同样是一颗冰巨行星，可它表面的大气层极为活跃，甚至表面有全太阳系最猛烈的风暴，风速可达每秒580米。唯一掠过海王星的探测器“旅行者2号” 在它的南半球发现了一个黯淡的大风暴，因与木星上的“大红斑”类似，因此被称为“大黑斑”，在其一旁还有一个被称为“滑行车”的较明亮风暴。但是在普遍的认知中，越远离太阳的行星，供风暴形成的能量也会越少，海王星风暴的反常速度很可能与还未被发现的能量来源有关。

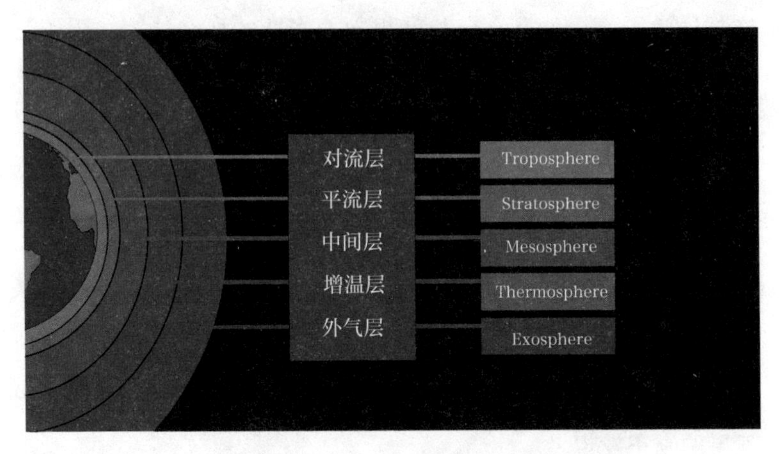

各种气层的图

海王星的外部大气层也许也有对流层、平流层、热成层、散逸层等层次分布，还有自己的磁场；至于海王星的内部，据推测可能是一个表面覆盖冰层的固态内核。此外，海王星的卫星中也有比较特别的天体，比如被从别处吸引过来、与海王星自转方向相反呈顺时针运行的“崔顿”。

因为距离太远，人类对海王星的了解虽然不及其他行星，但发现它也是如此独特。

“大黑斑”，也被叫作“大暗斑”，1989年被观测到时，有地球那么大，它的颜色比较黑暗，形状是向海王星内部凹陷下去的椭圆形，它就是一个巨大的反气旋风暴。椭圆形的大黑斑长轴达13000千米，短轴也有6600千米长，它整体的形状会不断变化，围绕在它周围时速达2100千米的风暴，是太阳系速度最快最暴烈的飓风。只不过，如此剧烈的大黑斑的形成需要大量动力，该动力很可能是“旅行者2号”探测到的海王星内8000摄氏度内核辐射源所提供的。

当哈勃太空望远镜1994年再次观测海王星时，位于南半球的大黑斑已经消失不见了，在北半球却出现了一个新的被称为“北大暗斑”的风暴，这说明大黑斑并不像“大红斑”那样可以存在很长的时间，海王星的大气系统也比科学家想象的更复杂。

8. 冥王星的降级：为什么它是矮行星？

全世界的书本包括教材在2006年之前都写着太阳系有九大行星，最后被发现的那颗，就是冥王星（Pluto）。但后来，冥王星不再是第九大行星了，而是作为一颗矮行星而存在。这中间发生了什么？什么是矮行星？冥王星的待遇为什么这样一波三折？这一切其实从根本上来说，跟天文学家们不断进步的探索发现有关。

1930年，在帕西瓦尔·罗威尔创建的罗威尔天文台，秉承罗威尔搜寻可能存在的第九大行星“X行星”的遗志，24岁的克莱德·汤博刚刚开始自己的工作，他的工作看起来很枯燥，就是对天文台多年来拍摄的夜空照片一张张地进行分析，对比检查其中有无位置发生变化的天体，这样烦琐的工作已经持续了约一年。

2月18日这一天，汤博觉得自己可能有了重要的发现，有个天体的位置好像改变了，进行验证后，他确认那是太阳系一颗新的行星，他将这个消息告诉了哈佛大学天文台，很快，全世界都轰动了，并以神话里冥王普鲁托的名字来命名它，汤博也就成了冥王星的发现者。

冥王星的公转周期是248年，可它的运行轨道和海王星有交叉，运行时有时会比海王星离太阳更近。NASA在2006年1

月发射的“新视野号”探测器是目前为止探测过冥王星的唯一一个飞行器，它于2015年飞掠冥王星，为其拍摄了一系列照片，人们因而看到了冥王星表面那明显的呈心形的大片区域“汤博区”。

冥王星的表面主要由固态氮、甲烷、一氧化碳构成，并且98%的成分是氮，固态氮形成的氮冰会使冥王星的表面亮度与颜色产生较大变化，比如“心形”的左半边是个盆地，表面由鳞片状的氮冰组成，较高的反射率让这一大片区域看起来相对更为明亮。

意外来得比较快，在“新视野号”路过探索太阳系第九大行星时，人们都没有想到，在几个月后的8月，冥王星就被降级为矮行星，还被“逐出”了太阳系的行星行列，这个结果从冥王星被发现后科学家对它不断进行研究时就埋下了伏笔。

几十年间，天文学家们采用不同的但是越来越准确的方法计算冥王星的质量，发现冥王星从与地球差不多的质量，到只有地球的十分之一，又到只有地球的百分之一，最后竟只有地球质量的0.2%，连很多卫星的大小都不及。研究还发现，冥王星与自己的一颗卫星“卡戎”竟然是潮汐锁定、面对面绕转的，这表明它的引力不足。更重要的是，21世纪初，在冥王星之外发现了其他新天体，如妊神星、阋神星、鸟神星等，它们的大小和特征都跟冥王星差不多，甚至有的比冥王星还要大，它们也围绕太阳运行，难道这些天体要被命名为太阳系第十大、第十一大、第十二大行星吗？

2006年，国际天文学联合会重新定义了绕太阳运行天体的分类，讨论出了区分行星与矮行星的方法：一是行星必须绕太阳运行；二是它们的形态必须能因自身重力基本保持为球体；三是行星需要清除邻近轨道上的其他天体，矮行星则不然。而冥王星及后来发现的其他新天体，并不能满足第三条，它们都应该被称为“矮行星”，冥王星就此被“逐出”了太阳系的行星行列。

这个结果当然引起了很多争议，还有不少反对重新分类的声音，甚至有的科学家为此展开了大辩论，只不过，更多的人渐渐接受了这样的结果。

几乎以一己之力将冥王星降级为矮行星的美国天文学家迈克尔·布朗，被称为“冥王星杀手”，他与他的团队在21世纪初先后发现了妊神星、阋神星、鸟神星等不少“外海王星天体”，在天文学领域贡献颇多。不过，他在2004年底发现妊神星并于2005年7月匆匆公布临时结果后，西班牙一个团队宣称自己是率先发现者，这个天体的发现因此存在较大的争议。

不过同样在2005年，布朗又发现了阋神星与鸟神星，本想在2006年国际天文学联合会的会议上提出三颗新“行星”的布朗，遭到了反对与质疑，于是他灵机一动，提出既然三颗星够不上行星的标准，那就应该把同样不够标准的冥王星也从行星行列里除名降级，由此便有了冥王星身份的变更，“plutoed”也被选为年度词汇，大意为“将某某降级”。

9. 太阳系两大“甜甜圈”

太阳系除了几大行星与各自的卫星，以及矮行星、彗星等天体以外，还有一种比矮行星更小、数量特别多，但也围绕太阳运行的小天体，它们就是“小行星”。

小行星在太阳系内集中存在的两个地带为“小行星带”和“柯伊伯带”，这两个区域如果从远离太阳系的地方看去，就像两条宽扁的带子，如果单看它们空心的扁圆状，又如同两个巨大的甜甜圈，那么它们究竟藏着什么样的“可口内馅”呢？

位于火星与木星之间广阔区域的小行星带，虽然总质量加起来只有地球的4%，直径1千米以上的小行星却有约200万个，就更不用说那些如大石块、鹅卵石，甚至尘埃一般的小行星有多少了。目前已经被科学家编号的小行星有12多万个，其中近99%都被发现来自小行星带，这里可以算得上是近地小行星的原产地了。

小行星带的小行星基本上都由岩石或金属组成，据推断，它们极有可能是太阳系初始星云中的星子形成的，只不过，在木星的巨大引力下，相互吸引碰撞的星子在组成小的块状后，就很难再形成一个更大的天体了。科学家们还认为，最初这些形成大天体的物质要比现在剩余的多得多，由于其他行星的引力和太阳风的吹拂，如今大部分物质都不存在了。

与人们的想象不同的是，小行星带中的小行星看起来分布得很密集，实际上各个小天体间的距离很大，平均距离差不多有100万千米。

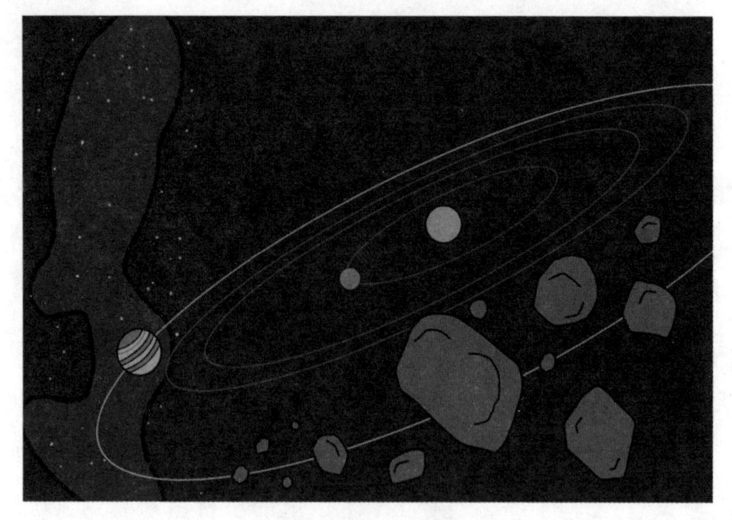

小行星带示意图

小行星带内唯一一颗矮行星是谷神星，它也是目前所知最大的矮行星，谷神星直径约950千米，其他的小行星如智神星、灶神星、婚神星、健神星等也是较大且比较受人类关注的小行星，它们的平均直径超过了400千米。其中谷神星在最初被发现时历经波折，还在一段时间内被认作了行星，后来被降为小行星，再后来因分类条件的改变又成了矮行星。

小行星带中的小行星，对地球有巨大的潜在威胁，比如

6600万年前那颗让恐龙灭绝以及地球物种大灭亡的小行星，它只有10千米的直径，却给地球带来了巨大的灾难，所幸这样的小行星撞地球的概率非常小。

与小行星带的性质非常类似，也是由众多小行星构成的柯伊伯带，位于海王星轨道的外侧，但它可比小行星带宽得多。柯伊伯带的宽度是小行星带的20倍，质量更是小行星带的20到200倍，而且柯伊伯带的小行星虽然主要也由岩石与金属组成，但由于该区域离太阳很远，整体温度也低，所以它们的构造成分也包含甲烷、氨、水等冰冻后的挥发成分。

柯伊伯带边缘距日最近的地方约为30个天文单位，最远处约为50个天文单位，早些时候，科学家认为这一区域什么都没有，是太阳系的尽头或边界，其实不然，许多小行星的发现让人们意识到了这个带状区域的存在。

冥王星、阋神星、妊神星、鸟神星4颗矮行星是柯伊伯带最知名的矮行星，此外，短期彗星如哈雷彗星，也来自柯伊伯带。目前为止，科学家已经在柯伊伯带发现了1000多个相关的天体，直径比100千米大的天体可能有10万多个。

只不过，人们还不太清楚柯伊伯带的起源与形成原因，其中的小行星因为该区域距离太阳远，初始的星子太少，所以相对较小，很多也被称为微行星。

另外在柯伊伯带之外，与柯伊伯带有一定重叠的地方，还有着被称为“离散盘”的天体，阋神星位于其中，离散盘的轨道特殊，与其他天体很不同。

小贴士

冥王星1930年被发现之后，科学家们都在猜测在海王星轨道之外，应该还有其他行星的存在，美国的天文学家弗雷德里克·伦纳德思考了这个问题，而荷兰天文学家杰拉德·柯伊伯在1951年发表的一篇文章中指出，在太阳系演化早期，海王星之外的区域会形成一个由大量小行星构成的狭长圆盘，可是他明确表示，这个圆盘区已经不存在了。

其实在柯伊伯之前，爱尔兰天文学家肯尼斯·埃奇沃斯在1943年时就提出过类似的设想，认为海王星外有数量非常多的小行星，但他的设想没有得到重视，他本人也没有再坚持研究这个课题。

而鉴于柯伊伯在学术界的权威，其理论则得到了广泛支持，虽然他认为那片小行星区域并不存在，但如今人们仍把该区域称为“柯伊伯带”。

10. 土卫六的生机

月球又名“地卫一”，是地球唯一的天然卫星，在太阳系内，如月球这般不直接围绕太阳旋转，而是绕着行星或矮行星做周期运动的卫星，有近200颗，只不过，自古以来除了月球，人们并不知道还有其他卫星存在，直到1610年伽利略发现了木星的4颗卫星，即“伽利略卫星”后，人类才了解到其他卫星的存在。

土星与土卫六

除了地球与木星的卫星，太阳系其他六大行星中，因离太阳过近，太阳引力太大，水星与金星周围没有形成自己的卫星，火星拥有火卫一与火卫二两颗卫星，木星和土星体积大、自身引力大，吸引了众多卫星，它们当中既有运行轨道方向与自转方向与行星相同的“规则卫星”，也有逆行或运行轨道与行星赤道夹角过大的“不规则卫星”。至于天王星和海王星，前者有27颗已命名的卫星，后者则有14颗。

在目前我们已知的太阳系卫星中，有一些卫星独特的性质吸引了人们的注意，格外引人注目的就有土星的一颗特别的卫星——土卫六“泰坦”（Titan）。

土卫六1655年3月25日被荷兰科学家克里斯蒂安·惠更斯发现，它是土星最大的卫星，太阳系内它的大小仅次于木卫三，是太阳系内第二大卫星。土卫六是太阳系所有卫星中唯一拥有大气层的卫星，它的大气特别致密，主要由97%的氮以及甲烷、氢和其他微量气体组成。

1980年“旅行者1号”专门近距离飞掠了土卫六，探测发现土卫六表面棕色大气的构成成分是碳氢化合物，推测应该是阳光的紫外线在照射大气层时分解甲烷产生的。

虽然大气层很厚，但土卫六其实没有形成自身的磁场，它的大气并未受到太阳风的侵蚀剥离，土卫六大部分时间都处于土星磁场的保护下。发现这一事实后，科学家对土卫六是否存在生命有了很大兴趣，因为它目前的形态与早期的地球相似，极有可能存在简单的有机物，演化下去也许有生命诞生的可能，比如NASA曾对土卫六的大气层进行过模拟，结果表明这颗卫星存在复杂有机化学物质的概率极大。

当然，仅仅拥有大气层是不够的，土卫六的大气层存在对流活动，会产生温室效应，尤其是它的大气与地表富含的甲烷，被认为是生命诞生的基础物质。只不过，土卫六零下178摄氏度的低温使得地表深度冻结，给生命的存在造成了巨大威胁，但土卫六上究竟有没有生命，会不会存在其他类型的生命，没有人能给出确定的答案。

出于对探索地外生命的浓厚兴趣，科学家们一直试图对土卫六进行近距离观测，除了“旅行者1号”，最早探测过土卫六的是“先驱者11号”，2004年在土星附近探测的“卡西尼-惠更斯号”，更是成功执行了对土星系统的科学探测任务。探测器分解以后，2005年1月“惠更斯号”降落到了土卫六上，它拍到了土卫六表面的平原、山丘、河流，以及“水冰”和岩石构成的表面存在的被河流侵蚀的痕迹。

随着了解的深入，科学家确认了土卫六表面巨大的由液态甲烷构成的湖泊与海洋，还有冰火山与地下河存在的可能，除了温度过低以及没有水的存在，土卫六的环境与原始地球的相似性难免让人类产生联想。

科学家设想，那些未被发现的也许是由撞击带来的水，很有可能存在于地下，甲烷湖中也可能有依靠甲烷和氢气为生的生命形式，在很久远的未来，随着太阳的变化，土卫六成为充满生机的宜居星球是极有可能的。

除了科学家们，科幻作家以及文艺创作者们也对土卫六上生命的存在抱有浓厚兴趣。在不少科幻作品中，土卫六“泰坦”或被塑造为一个有自己居民的星球，或者有一些重要的人物来自泰坦。

最为人所知的，大概是美国漫威漫画中的大反派“灭霸”萨诺斯，他作为永恒族的一员出生于泰坦星，在《复仇者联盟》系列电影中，灭霸与正面人物们的战争是重要而精彩的剧情，当然，故事里的泰坦星是虚构的，并没有指向现实中的土卫六。

此外，在著名科幻作家阿瑟·克拉克的一部小说中，地球的殖民地土卫六成了提供能源的地方，在中国作家倪匡的一部“卫斯理系列”小说《蓝血人》中，主角被设定为来自土卫六。在科幻文学作品、动漫、游戏、电影、电视节目中，土卫六都成为受欢迎的存在。

11. “魔法扫帚”哈雷彗星

彗星，这一太阳系特殊的小天体，自古以来在中西方文化中都扮演着预兆不祥的角色。中国将彗星称为“星孛”“扫把星”，认为它象征着灾厄，西方也把彗星视为上天对地球的攻击，可能会给王公贵族带去灾难与死亡。

即便到了20世纪，人类早已清楚地认识了彗星的构造与形成原因，但普通人对彗星到来的恐惧仍未消除。那么彗星究竟是什么构成的？极具代表性的著名的哈雷彗星又是如何被发现的？

科学家已探明，彗星一般是由小岩石、冰和尘埃构成的，

彗星与太阳示意图

大致上分为彗核、彗发、彗尾、喷流等几个部分，它们接近太阳时受热产生的气体形成了彗发和彗尾，在太阳风强劲的吹拂下，一些彗尾甚至有一个天文单位那么长。

因而，当彗星在天空出现时，它们的形象是非常怪异而鲜明的，古人难免对这种稀奇的现象感到害怕，虽然目前人类已知的彗星有近7000颗，但也只占太阳系彗星数量极少的一部分。

彗星的运行周期各不相同，它们一般沿细长的椭圆轨道绕日运动，运行周期在200年以内的彗星被称为短周期彗星，运行周期在200年以上，甚至周期长达数千年、上百万年的彗星都被称为长周期彗星。哈雷彗星是颗短周期彗星，可它76年的周期让人们特别难觉察到它的规律性，因为一个人一生中最多可能只有两次观测到它的机会。

人类早在公元前几百年就已经观测记录了哈雷彗星，牛顿的巨著《自然哲学的数学原理》1687年发表后，英国天文学家埃德蒙·哈雷根据牛顿理论和前人的观测数据，得出了1531年、1607年和1682年看到的三颗彗星其实是同一颗的结论。他在1705年出版的著作《彗星天文学论说》中，根据他对这颗彗星推测得出的75到76年周期的规律，又预测了1758年彗星的再次回归。

事实证明哈雷的预测是正确的，但是哈雷看不到了，因为他逝世于1742年，为了纪念哈雷，这颗第一次被正确预测轨迹的彗星便以哈雷来命名。哈雷彗星上一次回归是1986年，下一次回归近日点的时间，预计是2061年。

我们目前已知的所有彗星都来自太阳系，并且一般认为短周期彗星来自柯伊伯带或离散盘，奥尔特云则是长周期彗星的发源地，虽然彗星与小行星有不一样的起源，但近来有科学家认为，其实彗星与小行星的分界并不清晰，一些小行星本身也存在水汽，挥发掉气体与尘埃的彗星也可能越来越像小行星。

彗星也会分裂、失踪或消失，或撞入其他行星，比如1994年7月，天文学家就实时观测到了已经被木星巨大引力撕成碎片的舒梅克·利维九号彗星撞上了木星。40多亿年前，太阳系内的撞击事件频发，不少科学家因此认为地球上壮阔的海洋就是彗星撞击地球时带来的水形成的，甚至因为有的彗星携带着有机物，地球上的生命也被推测是因彗星撞击而来。

如同哈雷彗星得名于它的预测者哈雷，早期彗星的命名基本依据于此，而不是得名于最早的发现者，比如之后的第二颗和第三颗被预测了运行轨道的彗星，就以恩克彗星和比拉彗星来命名，此后则通常以发现者、发现团队命名。这些年来关于彗星的发现越来越多，为避免混乱，彗星有着专门的命名规则加以区分。

而在众多形态各异的彗星中，哈雷彗星已然成为大众了解彗星的典范，它的魔力吸引着人们不断仰望星空。

埃德蒙·哈雷是个全才型的科学家，除了预测哈雷彗星的轨迹，他还是第二任格林尼治皇家天文台的台长。哈雷于1656年出生，22岁就已经发表了一份数据详尽的《南天星表》，星表里包含了341颗南天恒星，哈雷也因此获得了跟第谷同等的声誉。

在牛顿写完《自然哲学的数学原理》那本书后，因为皇家学会无法资助，这部巨著险些不能发表，哈雷自掏腰包帮牛顿出版了这本书也成了科学史上的美谈。后来，在牛顿与胡克、莱布尼茨的长期争论中，哈雷又从中调停他们之间的矛盾。哈雷是潜水钟的发明者，他首次绘制了以等值线标注磁偏角的航海图，还首次绘制了气象图，甚至写过一篇关于人寿保险的重要文章，对保险统计学产生了深刻影响。此外，哈雷还有着其他响当当的名头，他的人生也因此大放异彩。

12. 奥尔特云：太阳系的边缘

在科学家初步了解了彗星的性质以后，有一个问题一直在困扰他们，那就是，由冰跟岩石组成的彗星，极容易被分裂消耗掉，为什么40多亿年的时间过去了，仍然有许多彗星存在呢？离太阳近的短周期彗星，存在的已经不多了，那些长周期彗星，应该来自更遥远的地方，那么，它们会来源于哪里？

有人认为，这些彗星或许原本不属于太阳系，它们是从星际空间进入然后被捕获的；也有人认为，是彗星轨道的改变造成了那样的结果，但这些假说都存在很大问题。

荷兰天文学家扬·奥尔特1950年在思考彗星的起源时认为，被观测到的大部分彗星都是长周期彗星，根据它们极为细长的运行轨道，奥尔特得出，大多数长周期彗星的远日点都在距离太阳约2万天文单位远的地方，他因此推断，在距太阳较远的周围，存在着一个均匀分布的球状云团，那就是彗星形成的摇篮。后来，越来越多新彗星的发现支持了这个假说，人们将这团距离太阳最近约1光年、最远约2光年的云团命名为“奥尔特云”（Oort Cloud）。

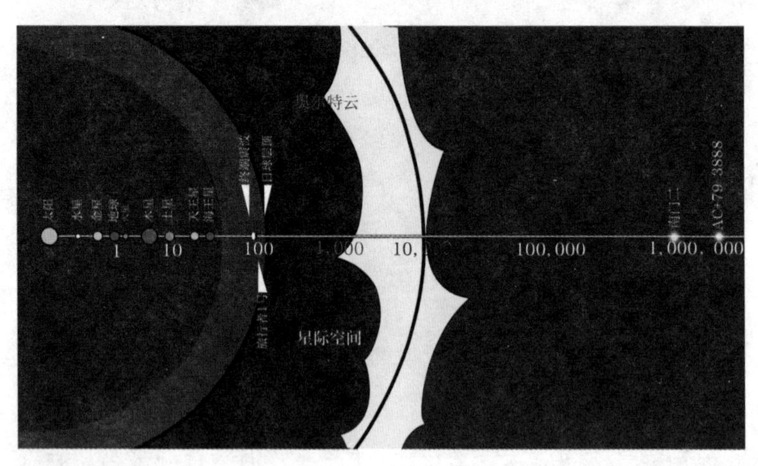

奥尔特云相对位置

奥尔特云在理论上被认为是由绕转太阳的冰微行星组成的球体云团，它距离太阳特别遥远，是柯伊伯带到太阳距离1000倍，那甚至表明它已经位于星际空间中了，差不多是在太阳和距离太阳最近的恒星比邻星的中间位置。

从结构层面来说，奥尔特云最外的部分已是太阳系结构的边缘，太阳的引力在这里极其微弱，远比“旅行者1号”穿过日球层顶的引力小，再过300年，探测器“旅行者1号”才能到达奥尔特云，穿越奥尔特云则可能要花费它3万年的时间。

这团球状云团的范围如此大，其中又包含着数万亿的小天体。由彗星的成分可以推断出奥尔特云，也就是那些小天体的构成，它们是由水冰、氨、甲烷等固体挥发物组成的。这些小天体加起来构成的奥尔特云的质量，约为地球的5倍，在更早时期，甚至可能达地球质量的300多倍。

奥尔特云被认为由内外两个部分组成，内层的盘形也被叫作希尔斯云，外层则是一个球形，因为距离太阳过远，太阳的引力太小，奥尔特云的外层很容易被临近的恒星或银河系的引力吸引，使其中的小天体脱离，之后就变成了长周期彗星。

但是，所有关于奥尔特云的假设都只存在于理论层面，人们目前尚不能以观测的方式证明它的存在，只不过大家都已经接受了这个比较有力的说法。

揭开了彗星的来源之谜，新的谜题又马上出现了——奥尔特云是怎么形成的呢？一个流传较广的假说是，奥尔特云其实是46亿年前太阳系原行星盘在早期形成行星后残余下来的物质，那时候奥尔特云离太阳比现在更近，但木星与土星巨大的引力将它渐渐抛出了内太阳系，然后它在不断的离心力作用下到达了今天的位置且形成了这样的形状。另一种说法则是，太阳在与邻近恒星交换物质时产生了奥尔特云中的小天体，经过吸积与碰撞，物质逐渐减少消散了。

只要仍在探索，关于太阳系的新发现就会不断刷新人类的认知，也许奥尔特云的起源跟恒星诞生有关，也许要过很多年人类的探测器才能到达预测地点验证奥尔特云存在与否，也许奥尔特云并不是太阳系最终的边缘，但人们总有一天会彻底认识它。

在扬·奥尔特之前，1932年，爱沙尼亚天文学家恩斯特·奥匹克也提出过类似的假说。奥匹克推断彗星可能源于太阳系内。他从理论上指出，冥王星轨道外存在的气体云区域是彗星的起源地，只不过他的说法并没有后来奥尔特的假说准确和确切。虽然奥尔特独立提出了奥尔特云存在的假说，不过，为了表彰奥匹克的科学精神，奥尔特云实际上也被称为“奥匹克–奥尔特云”。

奥匹克出生于爱沙尼亚，在莫斯科大学研究过彗星、流星、小行星等小天体，他曾发表过一篇精确测算出仙女星系与地球距离的论文，还发明了摆动相机，用来观测流星。在奥匹克的职业生涯中，他有一半时间都在英国的阿马天文台工作，也曾因成就获得过英国皇家天文学会金质奖章。

第四章 …

大千世界，璀璨银河

1. 地球所在的“街道”

在对太阳系有了简单的了解后，你是否已经开始感慨太阳系的广阔与未解之谜的多样？但其实，这就像你刚刚第一次离开家门跨上门前的小径，你才认识了自己居住的家的大概样貌而已，你还不知道家所在的是什么街道、村镇，不知道镇子是什么样，更不用提市区、省会、国家、地球的全貌了。

人类依赖地球的四季与生态而生存，地球又围绕着太阳做规律的运转，一众行星、小行星、卫星和其他小天体，共同绕着“大家长”太阳转动，与此同时，太阳又在围着银河系的银心运行，而银河系，也只是地球所在的小镇子，它的中心距离地球和太阳是那么远，远得遥不可及。

晴朗的没有光污染的夏夜，尤其是在南半球南纬30度附近，你抬头就会看到横贯天际的银河，它就像一条发光的河流，也像一条银色绸带，璀璨壮观，神秘迷人，它独特的气息存在于古往今来作家们的诗文里和孩子们的记忆里。银河到底是由什么组成的？又是伽利略用望远镜第一次看清了银河的真面目。

他看到的银河中，有无数颗恒星，密密麻麻，让人震撼，那么由恒星构成的银河是什么形状的？有天文学家认为它是球形的、空心的，英国的赖特认为它是扁平的，1755年，德国哲学家康德认为，就像太阳系星体系统的运行那样，银河系的恒星应该也是绕着太阳系旋转的。

英国天文学家威廉·赫歇尔后来根据自己对整个夜空持续的观测，画了一幅银河画像，画的中心是太阳系，并且他将银河系描绘成了扁平状。到了20世纪，天文学家们运用新的科技与理论，一步步颠覆着人们对银河系的认知，人们逐渐认识到：太阳系位于银河系的边缘，银河系会自转，银河系也只是宇宙茫茫星系中的一员。

地球和太阳系确实只位于离银河系中心较远的一个支臂上，即猎户臂的旋臂内侧边缘，太阳系距银心有24000到

太阳系在银河系位置

28000光年远。银河系外还有几个卫星星系，它们与银河系共同组成了本星系群，它们都属于室女超星系团的一小部分，近10万个星系又组成了拉尼亚凯亚超星系团，室女超星系团又不过是它的一小部分。拉尼亚凯亚超星系团范围约5.2亿光年，质量约为银河系的10万倍。

宇宙又是由多少超星系团组成的，更大范围的结构与边界是怎样的，人类还没有办法认识清楚。宇宙荒凉又拥挤，容纳了无数星系，地球所在的“街道”太阳系只是“小镇”银河系的边角，“城市”室女超星系团、“省界”拉尼亚凯亚超星系团是什么样的，对于从没出过“街道”范围的人类来说没有办法猜测，可人类从没停止过对远方的向往与探求。

虽然只能身处其中从侧面观察，但如今人们已经知道了银河系的许多信息：银河系是一个扁平的盘状结构的棒旋星系，直径有10万到18万光年，平均厚度则只有1000光年，最中心处的人马座A*有着强烈的电波源，是个超大黑洞……

此外我们还得知银河系年龄有130多亿岁，几乎跟宇宙一样古老。它由银心、银盘、银晕、银冕构成，从中心的棒状核球延伸出了几条旋涡状的旋臂，高密度的旋臂容纳了2000亿到4000亿颗恒星，由此可以知道银河系比较庞大，它是本星系群的第二大星系。

人类走出太阳系，就能拥有全新的视角；认识银河系，也就能更好地认识太阳系与地球。

小贴士

太阳系并非位于银河系的中心，相反，它只是在一个没那么拥挤的偏远“郊区”，所在位置是银河系猎户–天鹅臂局部的旋臂。作为几千亿颗恒星之一，太阳一直勤恳地围绕银心运动，其运行速度约每秒220千米，绕银心公转一周，则需要2亿2500万年到2亿5000万年，这一圈也被称为太阳系的一银河年。

偏僻安静的太阳系，反而为地球生命的诞生提供了良好的环境，因为太阳的公转轨道是接近圆形的，能够保持与所在的旋臂一致的速度，几乎没有穿越旋臂被碰撞的危险，如果是在旋臂中，大量超新星的聚集与重力的不稳定将会扰乱太阳辐射，更不用说银河系中心的强辐射与那些恒星的巨大引力了，那将直接干扰生命的进化。所以，看似偏远的位置与落寞的环境，对太阳与地球却有着深刻影响。

2. 谁是太阳最近的恒星邻居？

距离某个被观测的恒星最近的另一颗恒星，一般被叫作这颗恒星的“比邻星”或“毗邻星”，因为这颗星在苍茫的宇宙中就像左邻右舍一样亲近，离太阳最近的恒星邻居就是太阳的比邻星，位于半人马座。

1915年，时任约翰内斯堡联合天文台主管的天文学家罗伯特·因尼斯在南非发现了半人马座α星C，这颗呈红色的红矮星距日4.22光年，被认为是太阳目前已知的比邻星。

“半人马座α星”在中国的星宿体系中也叫“南门二”，南门二比较特别，它不是一颗星，而是一个“三合星”系统，三合星指由三颗恒星组成的聚星系统，它们以引力维系着彼此的运行。

南门二其中的两颗恒星半人马α星A与半人马α星B是相互绕转的，二者形成了双星系统，其中前者为主星，后者为伴星。这两颗星距离很近，也较明亮，没有办法用肉眼分辨区别，第三颗恒星半人马α星C，则围绕着双星系统运行，它距离太阳更近，成了太阳的比邻星。

在日常观星的时候，体积小、光度暗的比邻星比较难被发现，并且，南门二位于南十字星座的最外围，这个星座在很靠南的位置，所以北半球大部分地方都观察不到南门二，那些设置在南半球的天文台和观测站，是它最好的观测地点。

对于在银河系中位置稍显偏僻的太阳来说，在距离它10光年的范围内，恒星的数量都是比较少的，只有50多个恒星系统。在最初，科学家认为南门二的整个恒星体系中是有行星存在的可能的，如果行星处于宜居带，就很可能有生命的存在，因此，人们对比邻星投注了特别多的关注。

天文学家于2012年10月在半人马α星B旁边发现了一颗质量与地球相当的行星，但它与恒星距离过近，表面温度也过高，并不宜居。2016年8月，欧洲南天天文台在比邻星近旁又发现了一颗类似的行星，并且认为这颗行星在母恒星的宜居带上，但它距母恒星仅0.05天文单位，公转周期也只有11天而已。

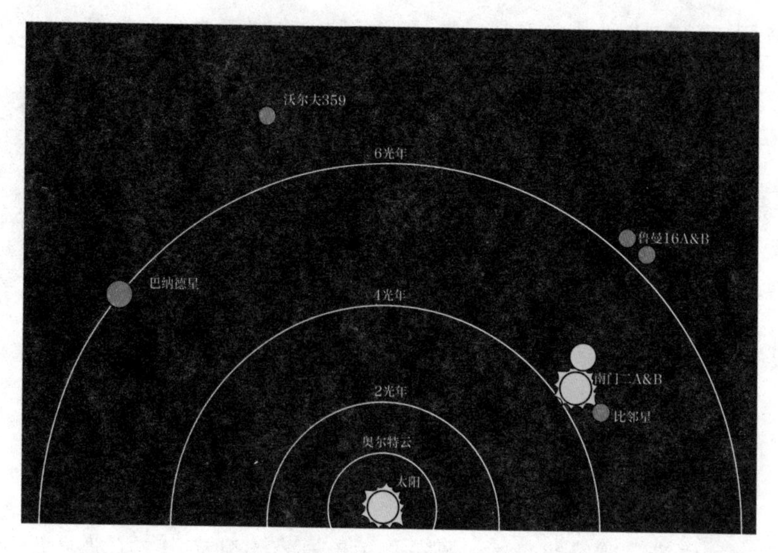

比邻星位置示意图

这是因为比邻星的质量很小，只有太阳的12%，它是红矮星，亮度更暗，温度也更低，离得更近的行星才能被吸引，只不过这样一来又会导致两颗天体间的“潮汐锁定”现象，那时的行星仅一面永远地朝着恒星，另一面则是永夜。但这一发现也足够振奋人心，科学家们一直期待着南门二下一颗宜居行星的出现。

实际上，不容乐观的是，比邻星半人马座α星C其实是颗表面活动频繁的恒星，它在约48.5亿年前形成，比太阳的年龄还要大，目前它是红矮星状态。比邻星很容易爆发耀斑，对周围造成巨大的破坏，比如在2017年3月的时候，有人用天文望远镜曾观测到比邻星的亮度在10秒内突然提升了1000倍，分析表明那是因为它爆发了一次剧烈的耀斑，能量甚至是最强烈的太阳耀斑的10倍。

尽管科学家们有着美好的想法，但在这样恶劣的环境下，围绕比邻星运行的行星很难保存自己的大气与水分，更不用说生命的存在与进化了。

虽然比邻星周围生命存在的希望很渺茫，但是出于对“邻居”的关心以及热切的期望，人类仍会继续对比邻星的探测。目前人们对比邻星的了解还不够，在未来的数十年内，科学家计划发射更为先进的激光阵列推动型探测器，飞往比邻星进行新的探索。

比邻星因为距离太阳最近，在文学作品中，尤其是科幻作品中，经常被描述为人类从地球出发前往宇宙的第一站以及首个停靠港口，比如我国著名的科幻作家刘慈欣在作品中就多次提到比邻星。

他的作品《三体》一书的故事背景，就建立在比邻星三体人入侵地球的基础上。在这本书的设定里，因为三体人生活的星球天空中会随机出现三颗恒星，星球或是会进入漫长寒冷的冬夜，或是会突然灼热无比造成灾难，所以三体人的生存环境十分恶劣，在经历了无数轮文明的灭亡后，他们进化出了独特的生存方式“脱水”，以及高效的透明思维，用脑电波直接交流，只不过比邻星的真实环境并没有小说中艰险。

在他的另一部小说《流浪地球》中，因太阳将要灭亡需要将地球迁移到最近的恒星比邻星，当然，实际上比邻星过小的质量与体积并不能维持地球正常的运转。

3. 古老的银河系

银河系存在的时间几乎与宇宙一样古老，它大约有136亿岁，从科学层面来说，在宇宙大爆炸后没多久，银河系就开始形成了，而在人类的神话传说中，银河的由来有多种多样有趣的故事。

中国古代神话中的银河，跟牛郎织女的爱情有关。从天上下凡的织女与人间的牛郎组成了家庭，王母娘娘拔下头上的钗子在天上一划，滚滚银河阻断了追赶织女的牛郎，两个相爱的人只能在每年农历七月初七的“七夕”相会，在喜鹊架起的“鹊桥”上相聚。从银河、牛郎织女与七夕，又延伸出了其他的传统习俗，天上的银河仿佛一点儿也不遥远。

在西方关于银河的神话里，有的认为它是指引鸟类迁徙的小径，有的把它视作狗偷了玉米或神偷了麦秆后慌慌张张沿途洒下的痕迹，但其中银河系得名“Milky Way”最有名的传说，是因古希腊神话里的天后赫拉。传说赫拉在未知的情况下哺乳了宙斯的私生子赫拉克勒斯，她的乳汁洒了出来，变成了天上的银河。

那么银河系究竟是如何形成的?

星系的起源，都是来自气体的坍缩，那些气体和原始的粒子在引力作用下渐渐形成球形团块，物质在向内坍缩的同时，因为遵守角动量守恒定律，开始越来越快地旋转并形成了银河的雏形。

在这团只由氢、氦构成的气体盘里，发生着漫长的变化，第一代大质量恒星出现了，但它们燃烧得很剧烈，寿命也特别短，很快将能量燃烧殆尽，引起了超新星爆炸，在这样的核聚变中，新的元素出现了，越来越多的蕴含了丰富物质的星际尘埃形成和积聚起来。

无数新的恒星又形成了，它们仍旧环绕银河的中心旋转着，最中心的地方汇聚成了棒状的结构，围绕银心的银盘气体在有一定规律性的引力作用下，逐渐形成了旋臂。

银河系是一个棒旋星系，根据美国天文学家埃德温·哈勃的分类，它属于椭圆星系、旋涡星系、透镜星系三大类中的旋涡星系，这类星系一般由扁平的盘面和两条旋臂组成，中心是高密度恒星组成的隆起的核球，如果核球延伸成了棒状，就成了棒旋星系。

若是想要更准确地探求银河系的形成原因与年龄，就需要足够多的恒星样本研究资料，以前的科学家能够根据恒星的亮度测算出它们的年龄，但数量还是太少，随着科技的进步，天文学家有了更为先进的仪器。

天体测量卫星和天文望远镜的巡天项目，给新时代的银河系研究提供了充足的观测数据，比如斯隆数字巡天（SDSS）对大约60万颗恒星做了光谱观测；我国的郭守敬天文望远镜（LAMOST）开展的银河系光谱巡天项目已搜集了700万条恒星光谱，组建成了世界上最大的恒星光谱库；欧洲空间局2013年发射的天文卫星盖亚（Gaia）更是可以观测全天10亿颗恒星。

郭守敬望远镜（LAMOST）

大体量的观测与分析，是探究银河系整体生命历程的基础，从最开始认为太阳系是银河系的中心、银河系就是宇宙的全部，到科学家发现河外星系的存在，认识到银河系也只是与其他星系类似的一员，人类不断探索，也不断扩展着宇宙的边界，这是群体智慧和勇气的体现。

虽身处银河系，但并不妨碍人们去推测100多亿年前银河系诞生的模样，在宇宙大爆炸后的黑暗时期，银河携带着基因密码创造了后来的一切。

位于我国河北省承德市国家天文台兴隆观测站的郭守敬望远镜，其实本名为“大天区面积多目标光纤光谱天文望远镜”（Large Sky Area Multi-Object Fiber Spectroscopy Telescope，LAMOST），它于2009年竣工，2010年被正式命名为“郭守敬望远镜”，是为了纪念我国元朝的天文学家、数学家、水利学家郭守敬。

LAMOST由机械结构系统、控制系统、光纤系统、光学系统、光谱仪和CCD系统、计算机集成和观察室7个系统组成，它可以对大面积天区，如20平方度内的4000个目标的光谱进行长时间跟踪记录。LAMOST的口径达4米，是世界上口径与视场综合起来最强大的望远镜，技术已达国际领先水平，它能对整个宇宙的星系进行巡天观测，并可以研究宇宙结构、星系演化等问题，还能够用海量的数据分析银河系内的恒星光谱，以此推断恒星及银河系的演化。

4. 银心那里有什么？

科学家通过对银河系以及邻近星系等的探测，认为星系的中心一般都会有一个星系核，那里高密度地聚集着许多恒星，有的星系核中心较为安静，由密度较大、不同性质与年龄的恒星构成；有的星系核中心则极为活跃，通常认为中心处存在着黑洞，周围有着非常不稳定的喷流。银河系的银心与银核，通常被认为属于后者。

如果以地球为原点，人们观测到的整个银河系最明亮的中心银心，大致位于人马座、蛇夫座、天蝎座三个星座之间，银河系中心区域亮度很高，它的直径有约2万光年，厚度约为1万光年，这个球状区域汇聚了大量的恒星，但基本上都是已近暮年、形成时间为100亿年以上的红矮星。

银心距离地球24000—28400光年，因为星际空间有极多低温星际尘埃阻挡了银心光线，人类其实并不能直接在可见光、紫外线等波段看到银心，只有在红外线、无线电波、γ射线、硬X射线等电磁波段，才能观测到银心。

比起太阳系所在区域恒星的稀疏分布，在银心周围1光年范围内，大约密集地聚集着30万颗恒星，如果银心发出的光线没有被遮挡，在地球上就能看到那些恒星组合而成的亮度会比满月还亮；如果将地球放置在离银心很近的地方，地球的夜晚将不复存在，因为数百倍于满月亮度的恒星会布满整个天空。

英国天文学家林登·贝尔等人于1971年通过分析银河系银心那里的红外线观测数据等，得出了那里能量的来源是个黑洞的结论。后来的科学家发现，银河系中心人马座A的位置有着强烈又致密的电波源，其中的人马座A*，已有很多天文学家认为它是个超大质量的黑洞，它体积小，但质量是太阳质量的430万倍，它释放的巨大能量如果要得到唯一合理的解释，那就是它是个黑洞。

科学家们经过多年来不断的观测，认为银河系的银心处确实存在黑洞。2020年，3位科学家共同获得诺贝尔物理学奖，正是因为他们在银河系中心发现了超大质量黑洞。但是银心最核心处究竟是不是黑洞，它到底是什么，还需要漫长的探索。

银河系银心示意图

因为黑洞本身不能被观测到，只能由它们附近的物质能量来证明，所以星系的形成过程也许可以大概说明银河系中心黑洞存在的原因。

最初在银河系诞生时，原始的星系之间凭借各自的引力吸引着周围的一切，各星系相互碰撞、融合的同时，大量的恒星也在发生着类似的事件，大质量的黑洞由此演化而来。遍布于星系间的尘埃、暗物质等，与黑洞一起共同构成了整个星系，推动所有星系物质围绕黑洞核心有序运转。

当然，在还没有决定性的结论前，天文学家们还是相当谨慎的，他们只用事实来不断验证猜想，逐步认清银心那里的人马座A*的性质究竟是怎样的。

NASA在2015年1月5日检测到了人马座A*的X射线闪焰突然400倍于平常亮度，科学家的解释是，那很可能是小行星落入黑洞被扯碎时释放的能量，或是气体流入其中磁力线纠缠所致。

在最近的2022年5月12日，事件视界望远镜（EHT）的一项重大成果让人们更为清晰地了解了银心黑洞，EHT首次直接观测到银河系中央人马座A*是一个直径约6000万千米的小型黑洞，并第一次为这个黑洞拍摄了照片，这称得上是一项令人振奋的宝贵成果。

事件视界望远镜（Event Horizon Telescope ，EHT）并非一个单纯的望远镜，它是国际合作组织，以观测星系中央特大质量黑洞为主要目标，由来自12个国家的30多所大学、观测站等单位或机构组成，在观测同一目标时，世界各地许多射电望远镜一同协调、同时观测，最后得出综合而成的结果。

2017年4月，EHT第一次全球连线观测了人马座A*以及M87*（M87星系中心超大质量黑洞）,2019年4月10日，EHT发布了人类史上第一张直接拍摄的黑洞天文影像M87*。人马座A*的照片，是人类第二次成功捕捉到的黑洞影像，因为它只有M87*的一千五百分之一那么大，成像特别困难，研究人员需要开发一系列新的复杂工具来捕捉成像。

最终，集合了全球80个研究机构300多名工作人员的智慧，照片成功将这个黑洞的真身呈现在了世人眼前。

5. 四条优美的“手臂”

当银河系这个旋涡星系的结构基本上被科学家探测清楚以后，从银心延伸出去的4条长长的像手臂一样的旋臂就一直格外引人注意。悬空挥舞的“长臂”看起来怪异又巨大，就像一

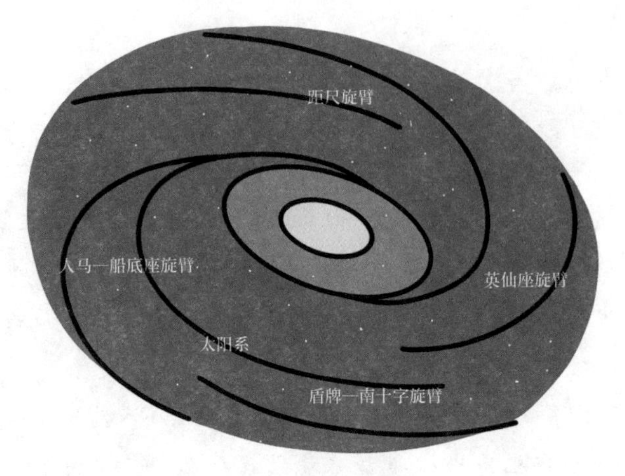

银河系旋臂结构

个庞大的旋转着的风车，高速而规律地环绕银心运行，那么，这4条旋臂是怎么形成的？它们由什么组成？会一直存在吗？

这些问题其实并不好回答，因为目前我们对银河系的了解还是太少，人类花了300多年，才终于明白银河系不等于整个宇宙，到了现代，天文学家们借助强大又先进的天文观测仪器，才得以初窥银河系秘密的冰山一角。普通大众对银河系基本认知的每一次更新，都得益于无数天文工作者的不懈努力。

我们现在了解到，在银河系的盘面中，那些旋臂由密集的恒星和星际物质汇聚而成，它们是旋涡星系的特征之一。旋臂从星系中心向外扩展，有的星系旋臂非常宽松，有的则紧密包裹在一起，无论是哪种类型，旋涡星系的旋臂都很明亮，因为那里的恒星非常年轻，质量也很大，光芒耀眼。

天文学家把银河系4条主要的旋臂分别命名为英仙座旋臂、矩尺旋臂、人马—船底座旋臂和盾牌—南十字臂，我们太阳系所在的猎户座旋臂仅是位于人马座旋臂跟英仙座旋臂之间的一段次要旋臂。

那么，由那么多恒星构成的银河系旋臂，是不是越靠外侧，就越容易被“甩飞”或者慢慢消失在更远更深的星际空间呢？其实旋臂外侧的星体围绕银心运行的速度比人们想象中更快，但它们并没有被“甩飞”，那到底是什么力量和原理在维持着旋臂的运行？

瑞典天文学家贝蒂尔·林德布拉德是一位研究星系自转和旋臂形成的重要人物，也是星系动力学的先驱，他发现了恒星在星系旋臂中聚集的倾向，1942年他首次提出了“密度波理论”，用来解释旋涡星系的旋臂结构。目前，在现有的星系螺旋结构假设模型中，“密度波模型”是比较有影响力的模型之一，在林德布拉德的初步想法的基础上，1964年，华裔天文学家林家翘和徐遐生将该理论进一步完善发展，使密度波理论为更多的科学家所接受。

如果要理解密度波理论，可以将银河系的众多恒星设想为无数的小汽车，它们以一定的速度和方向在银盘上绕银心运行着，旋臂所在的位置因密度增大，其中的恒星和气体运动得就比银河系其他区域慢，就像堵车了一般，一些星体拥堵其中。“恒星汽车”会在波的作用下慢慢离开“堵车”区域旋臂，但形成的波峰会一直存在，在漫长的时间里这些区域将不断有新的星体进出。

由此，围绕银心运行的气体与恒星，速度就发生了不同的变化，最终形成了长久存在的螺旋效果，同时，因为旋臂所在区域恒星的拥挤与引力增强，使得气体云在高密度、高压下不断坍缩形成新的恒星，这恰巧能够解释旋臂那里为何会有更多年轻的恒星存在。

除了密度波理论，还有一种螺旋结构模型，简单来说，该理论认为恒星在星际介质震荡波的作用下形成了螺旋结构。目前这两种主流说法不一定是非此即彼的情况，因为不同类型的旋臂形成的方式也不一定相同，此外，还有其他理论认为，旋臂会不断地演化、变动、断裂、组合，银河系旋臂的秘密仍在探索中。

太阳系的“家”猎户座旋臂，也叫“本地臂”，过去也有“猎户桥”“本地分支”“猎户分支”等名称。它得名于北半球冬季夜空中最突出的星座之一猎户座。很长时间以来，猎户座旋臂都被认为是人马座旋臂与英仙座旋臂之间的一个次要结构，但也有研究表明猎户座旋臂可能是英仙座旋臂的分支之一，或是一条更大的独立旋臂中的一段，甚至是银河系的第五大旋臂，所以，也许在将来，随着新的研究结果的出现，猎户座旋臂将会呈现出不同性质与特征。

目前，作为银河系的一条次要旋臂，猎户座旋臂的宽度大约为3500光年，而太阳系，又位于猎户座旋臂接近一半位置的内侧、一个被称为“本地泡”的空腔中。本地泡主要由星际介质构成，气体异常稀薄，在过去的500万到1000万年里，太阳系一直在穿越这个区域，最终也会走出本地泡。

6.“做”出来的银盘

银河系最中间的银心向外依次还有银盘、银晕和银冕等，其中银盘是包括旋臂在内的扁平状构造，银盘中间厚、四周薄，相比核球与银晕，银盘那里更多的其实是气体、尘埃和年轻恒星。

在银盘四周，也即银盘的上下左右，存在着一个很大的球状区域，它就是银晕，银晕的密度很小，可谓“地广星稀”，存在于银晕内的恒星更为黯淡，因为它们年纪很大，已经非常古老，自然没那么明亮。除了分布的恒星，银晕内还存在着一些球状星团，那里的恒星高度集中，形成时间也都很久远。

银冕则是比较新的名称，银河系存在于银晕范围内的那些高热、游离的气体，被统称为银冕，这些等离子气体就像稀薄的雾气，广泛地蔓延在银盘之外，是旋涡星系最容易被看见的部分。银冕中的气体很可能来自所谓的星系喷泉，在气体冷却以后，就会因为引力作用而进入星系的范围内。

在当前的研究中，科学家们对整个银河系的大小与结构有了越来越深入准确的了解，目前已知银盘的直径约为10万光年，银晕直径大约20万光年，但根据一些新数据计算出的银晕范围扩大到了25万光年甚至40万光年，也就是说，银河系实际上也许比人们想象的要大得多。

银盘与银晕之间并没有明确的边界，而银盘的结构也并非人们想象中是对称和平坦的，在银盘外部，天文学家已经观察到了银河系的翘曲结构，这种形态与“炸薯片”的形状非常相似，科学家们对银河系银盘为何呈现这样的形状众说纷纭。

有的说法认为这是星系与星系之间引力作用的影响，或者是暗物质的存在造成的，也有的说法假设这是银河系与其他星系正在进行的星系碰撞形成的，因为银河系的翘曲形态似乎一直在变化之中，变形的速度之快更合理的解释是星系碰撞。但是，这些猜想都需要更多的证据支持，银盘为什么会变形，目前原因仍不清楚。

包裹银盘的银晕，同样有着未被揭开的秘密，目前，因为银盘中大量存在的气体和尘埃吸收了部分波长的电磁波，导致人们并不能准确分析银晕的组成结构。银河系中，暗物质占了总体质量的很大一部分，在星系外缘包裹银盘的“暗物质晕”是银河系最神秘的结构部分，这种看不见也难以观测到的物质，极有可能是星系动力的来源与主宰，它的本质究竟是什么，一直令人感到好奇。

通过对银河系周围的矮星系以及仙女星系等的相关研究，科学家们能够不断增进对银河系结构与引力的认识，比如有一些矮星系的星系碎片会散落在银河系的轨道上，这说明矮星系是被银河系的引力撕碎或与银河系合并而成的结果，并且造成了银盘向外延伸的可能。

所以，银盘、银晕乃至整个银河系一直处在不断的变化与运动中，环绕银盘的银晕以及银晕中的球状星团，也持续地受到银河系卫星星系如大、小麦哲伦云的引力作用影响，一步步地向外扩展着。

大约以每分钟3.6万千米的速度相对于邻近星系运动的银河系，让地球上的我们每天在宇宙中就能移动5000多万千米，身处银河系的猎户座旋臂之中，人类将会被银河系带着前往蛇夫座的方向，很久很久以后，科学家们预测银河系最终会跟仙女星系发生碰撞合并，那时银河系会变成另一个全新的模样，变成另一个全新的星系。

鉴于银河系银盘的扁平状盘形结构，虽然银河系直径很长，但垂直方向的厚度平均只有1000光年，如果人类想要飞出银河系，从垂直于银盘的方向飞离似乎更容易些，那么，如果要飞出银河系，大概要花多长时间？

太阳系位于距离银心2.6万光年的地方，偏离于银道面北部约75到100光年，如果飞离银河系，这条最短的路径大约有1900光年。若我们的航行速度可以达到每秒550千米的第四宇宙速度，离开太阳系时再借木星、土星的引力作用进行加速、改变方向，会是什么样的结果？

结果就是，即使是沿着最短路径飞出银河系，人类也需要花费100多万年的时间，除非人类能够在科技上不断创新突破，就像科幻小说中畅想的那样，将航天器的速度加速到光速，那样，穿越整个银河系20万光年的直径只需要20万年。

7. 在银河系内看银河系

今天的我们能够从各种渠道看到圆盘形态的银河系图片，很多人，包括孩子大概都能说出银河系的旋涡形状，知道地球所在的太阳系位于银河系内，但是，那些银河系圆盘图片无论怎样逼真和精细，都不是天文学家们从远离银河系的上空实际拍摄得到的，人类还没有这样的能力去客观观察银河系，自古以来，我们都是身处银河系之内看那夜空中的璀璨星河的。

最初，既然人们看得到“独立”的银河，自然就会把它理解成与太阳系无关的、跟其他恒星差不多的天体现象，如前文所述，从伽利略到康德、威廉·赫歇尔，人们在18世纪末才刚刚认识到太阳系在银河系之中，但那时的理论认为太阳系是银河系的中心，宇宙的极限跟银河系的极限一样。

果真如此吗？我们今天知道答案是否定的。科学界为了寻求答案，需要理论和实际证据的证明，这一过程并不容易，因为银河系相对太阳系来说太过庞大，况且只从侧面很难观察到银河系的实际面貌，科学家们的破解之道，也唯有翔实的观测结果。

经过4年的观测后，认识到太阳系其实位于银河系边缘的美国天文学家沙普利，在1918年发表了他的观察结果，他也因此名声大振。但是很快，沙普利的权威受到了挑战，1920年4月26日，他被卷入了一场大辩论中，这场关乎宇宙大小、银河系范围的辩论，彻底改变了世人的宇宙观，它因此被称为“世纪天文大辩论”。

沙普利根据自己对球状星团的观测结果，认为包括仙女座星云在内的各种星云都是一些小天体，它们为银河系的一部分，都在银河系内，银河系就是整个宇宙，全宇宙的恒星都包括在银河系内。沙普利的观点也代表了当时大多数天文学家的想法，并且有其他天文学家专门为他提供数据参考，得出银河系也就是全宇宙的范围大小，他们不能接受按照仙女座星云不在银河系内而得出的根本不在一个量级上的特别巨大的宇宙尺寸。

与沙普利持相反观点的是美国天文学家希伯·柯蒂斯，他认为，科学观测到仙女座星云中的新星比银河系的多，若仙女座星云只是银河系的一部分，这种现象怎么解释，只能说明仙女座星云是一个独立于银河系外的新星系，它自有其形成和演化过程。

在这场公开的辩论中，无论严谨性还是口才，柯蒂斯都占了上风，并且，在4年后的1924年，另一位知名天文学家用无可辩驳的数据为这场辩论写下了终章，他就是埃德温·哈勃。

哈勃依照仙女座星云中“经典造父变星”的光度变化，算出它的距离已远超已知银河系的范围，这说明了银河系之外有其他星系，也就是“河外星系”的存在，而银河系的实际大小，则是介于沙普利与柯蒂斯预测的范围之间。

再后来，1958年奥尔特天文团队依据科学界多年的探索成果，制作出了第一张银河系内的氢元素分布图，依据这张图，人们清晰地“看见”了银河系正面的旋涡构造。

此后，有了更精确的数据，天文学家们一步步对银河系的结构进行完善，时至今日，我们已经了解到了许多星系的不同结构与分类，知道了银河系也不过是数千亿甚至更多的星系之一，几乎每每有关于银河系的新发现，都能引来一大片关注的目光。

无论是世纪天文大辩论，还是哈勃的观测发现，其实都离不开一个概念：标准烛光。由天体已知的光度（绝对星

等）与观测亮度（视星等），就能够计算出天体间的距离，只不过沙普利和柯蒂斯依据的标准跟哈勃不同，得到的结果也就不一样。

哈勃根据天文台拍摄的大量仙女座和三角座星云的照片，找到了其中一些造父变星的光变周期，得出了这两个星云与地球的距离。而将造父变星作为标准烛光，又有什么不同之处呢?

美国的天文学家亨丽埃塔·勒维特，在长期计算小麦哲伦云中造父变星的光度变化后，总结出“造父变星亮度与光变周期成正比”的“勒维特定律”，这一开创性的发现为星系际尺度的天体距离测量提供了精准方法，也为哈勃的星系观测提供了有力的支持。

8. “牛郎织女”在哪里

在中国的神话传说中，牛郎与织女的爱情故事凄美无比，更由此衍生出了许多美丽的诗文，比如“纤云弄巧，飞星传恨，银汉迢迢暗度”，又如“天阶夜色凉如水，卧看牵牛织女星”,等等，这当然是古人观察到天上被银河隔开的“牛郎星”“织女星”后寄托情感与幻想的美好故事。这两颗在中国人的认知中与银河密切相关的星星，到底是什么来历?

无论在科学发现还是文化史上，织女星都占据了一定的地位。这颗星是天琴座最明亮的恒星，被称作“天琴座α”或“织女星”“织女一”，它在北半球夜空的亮度仅次于大角星，所以它广受天文学家的青睐，天文学家也对它进行了大量相关的科学研究。

织女星是离地球非常近的一颗恒星，相距只有25.3光年，大约在公元前12000年，它曾经是北半球的极星，现在我们看到的极星则是熟知的北极星。织女星的质量是太阳的两倍多，但预期寿命不到太阳的十分之一，目前它跟太阳一样，也处于中年期，但它会更早地在天空中消亡。

目前已知织女星的自转周期是12.5小时，自转速度非常快，赤道附近的速度达到了每秒274千米。与太阳类似，这样的转速导致织女星被拉扁，赤道区更为“肥胖”。

长期以来，天文学都以织女星的光度为标准，将其视星等定义为0度，在此基础上再来定义其他恒星的光度，视星等是用来表示恒星亮度的标准化数据，数值随恒星亮度的增加而减小，还可以用负数来表示等级数值。但后来，因为有些观测结果显示织女星的光度有轻微的变化，它有被当作变星的可能，天文学家就采用了其他更为简便的特定数值法来衡量光度。

织女星曾被认为是“天空中仅次于太阳的第二重要的恒星”，它因而成了1840年天体摄影术诞生后，除太阳外人类使用银版照相法拍摄的第一颗恒星，不仅如此，织女星还是第一颗被拍摄了恒星光谱照片的恒星，以及第一批用视差测量法估计它与地球距离的恒星之一。

由此可见人们对织女星的偏爱，除了研究它的许多物理特性，科学家还了解了与织女星的运行规律、元素丰度、行星系统等相关的特性。在东西方的传说中，都有关于织女星的有趣故事。相比较来看，“牛郎星”似乎就没那么热门了。

牛郎星在中国的星宿中被叫作“河鼓二”或“牵牛星”“大将军”，也是“天鹰座α星”，它两边的两颗伴星分别是“河鼓一”（天鹰座β星）与“河鼓三”（天鹰座γ星），在牛郎织女的故事中，牛郎挑担追赶织女时担着的两个孩子就是指它们。

牛郎星距离地球仅16.7光年，比织女星更近，质量为太阳的1.7倍，实际亮度比太阳要高10倍，它是天空中亮度排在第12位的发着白光的恒星。牛郎星非常年轻，可能目前只有数亿年的年龄，它的自转速度也很快，周期为8.9小时。

经哈勃太空望远镜探测，目前还没有在牛郎星附近发现它的行星，如果在它的宜居带有行星存在，就很可能有液态水甚至生命的存在，不过，鉴于牛郎星还太年轻，它的行星即便存在，可以想象其表面的生态环境也很恶劣。

天空中的这两颗星的确如故事中所讲，没有相遇的可能，并且还会在太阳灭亡前燃烧殆尽，引发超新星爆炸，曾经寄寓美好愿望的那些故事，也将消散在无尽的夜空中。

小贴士

如果你想在地球上观测牛郎织女两颗星，其实非常容易，只要在夏夜找个远离光污染的地方仔细观察黑暗的天空，就能发现它们。首先你要找到头顶上被称为“夏季大三角”的三颗星，它们是织女星、牛郎星还有天鹅座的“天津四”，在这个三角的直角尖上最高最亮的那颗便是织女星。

在北半球中纬度地区的夏夜里，织女星经常出现在天顶附近，在它下方近一些、正好处在银河中的是天津四，较远地挨着银河的那颗亮星，则是牛郎星，从北到南、越靠南看起来越宽和亮的银河，就像一条散发着淡白色光芒的光带，位于银河两岸的则是牛郎星与织女星。天津四同样是一颗高辨识度的恒星，它是天鹅座最亮的恒星，作为一个顶点，它又与旁边的其他4颗星组成了“北十字星”的美丽形状，同样非常值得观赏。

9. 球状星团是破坏者吗？

在银河系内，有一类形态奇特的汇聚了大量恒星的团状结构，被称为“星团”，也就是恒星集团的意思。星团依照构成的差异大致可以分为“疏散星团”和“球状星团”两类，其中前者是内部有数百到上千颗年轻恒星的松散星团，后者则是由成千上万甚至数百万颗被引力紧紧束缚成一团的老年恒星组成的致密星团。

目前科学家们在银河系内已发现了1100多个疏散星团，一般情况下它们分布在银河系旋臂里，所以也可以叫它们“银河星团”。由年轻的蓝巨星组成的疏散星团，里面的恒星一般形成时间只有几千万年，又因为密度小、相互间引力小，疏散星团很容易被分子云或其他星团“蒸发”掉，最终消散在宇宙中。

大多数分布在银河系银冕区域的球状星团是围绕银心运行的，它们并不会轻易消散，目前银河系内所知的球状星团有150多个，越大的星系，所拥有的球状星团也会越多，比如，比银河系大的仙女星系约有500个球状星团。

但是目前天文学家们并不清楚球状星团的来源，它们的年纪与银河系本身相差不大，星团的恒星也许是在银河系最初形成时产生的，也许是独立的未成形的小星系被银河系捕获以后被慢慢塑成了球形。

因为在绕着银心运转，球状星团很有可能会与银盘、旋臂产生交叉甚至碰撞，它们也许会对旋臂中的恒星造成吸引，对银河系的结构进行破坏，但这一切只是猜测而已，星团距离银心太远，从设想来说，反而是银河系在最初可能对一些球状星团所在的小星系造成了破坏。

球状星团所有恒星汇成的光芒十分明亮，所以天文学家们很早就发现了球状星团，并为其中一些球状星团进行了命名，

1665年，第一个球状星团M22被发现，但因为望远镜口径的限制，人们那时还识别不出球状星团内部的恒星。1789年，威廉·赫歇尔在其出版的星云和星团表中创造了“球状星团”这个名称，此前他已经首次分析得知了星团是由恒星构成的。

认识和研究球状星团的过程，其实与人们探求银河系形状和太阳系位置又有着密不可分的联系。对球状星团痴迷的美国天文学家哈洛·沙普利，从1914年开始，先后发表了约40篇相关的研究论文，他估算星团与地球距离的方法是，以球状星团内造父变星的周期变化来计算。他由此发现，球状星团在太阳系周围分布得很不均匀，而且大多数分布在同一个方向，这样强烈的不对称性分布，让他觉得很可疑。

沙普利据此重新测定了银河系的范围，他还假设球状星团本来是环绕银河系中心均匀分布的，所以他得出，太阳系不是银河系的中心。这个结论表明，哥白尼的“日心说”就像被驳倒的“地心说”一样，是错的，人类对自身在宇宙中所处的位置又有了全新的认识。

只不过，如今我们对球状星团的了解还是太少，它的形成与银河系的关系是怎样的，还需要继续研究。一般认为星团内的恒星大约是在同一阶段和时间形成的，但这也并不绝对，也有一些星系内的球状星团里有着不同年龄的恒星。

至于球状星团的内部构成，有些星团的内核是质量极大的天体，其中心很可能隐藏着黑洞，从20世纪70年代开始，天文学家就在搜寻球状星团内可能存在的黑洞，哈勃太空望远镜已经有了相关发现，这无疑是令人振奋的，更是新研究的开始。

球状星团M22在被发现后，银河系内最大的球状星团半人马座ω或NGC 5139（NGC是星云和星团新总表的缩写）被埃德蒙·哈雷在1677年发现。半人马座ω距离地球约18300光年，它也被称为“欧米伽星团”，在中国的星宿体系中被称为“库楼增一”，是少数能被肉眼直接观察到的球状星团。这个星团内有数百万颗年龄大约为120亿岁的恒星，因它整体的明亮较高，它曾经也被误认为是一颗恒星。

天文学家经过大量观测，发现半人马座ω这个球状星团与其他同类有所不同，比如它其中的恒星所属的世代不尽相同，有科学家推测和根据模型演化认为，半人马座ω内的众多恒星，很可能曾是一个比现在的星团大数百倍的矮星系的核心，后来，这个矮星系被银河系撕碎吞并，只留下了现今的星团。

10. 银河系的未来：星系碰撞？

当人们知道了银河系并不是宇宙的全部，宇宙中还有河外星系存在后不久，科学家又了解到了星系群、星系团、超星系团等更为庞大的天体结构。我们如今已经知道，银河系仅是亿万星系里极其普通的星系之一，作为人类赖以生存的根本且一直处于运动中的银河系，未来又会走向何方，发生什么变化？

银河系与邻居仙女星系、三角座星系等大约50个星系共同构成了范围约为1000万光年的本星系群，前三者是本星系群主要的星系。本星系群的质心在银河系和仙女星系之间，并且仙女星系被认为是本星系群最大的星系，它的直径约20万光年，大约是银河系的2倍。

据科学家观测，仙女星系以每秒约110千米的速度“飞奔”向银河系，在大约40亿年后，两个星系很可能会发生星系碰撞，再经过数十亿年，它们将合并为一个更大的椭圆星系。如果人类有幸能在地球上观察的话，可能三十亿年后，人类就能裸眼直接看见仙女星系内的恒星和气体，而现在我们只能看到仙女星系中心极小一块亮度足够的区域。

星系的合并在宇宙中多有发生，尤其是在宇宙大爆炸十亿年后，有很多矮星系相互间不断碰撞合并，并且相对速度较慢的星系更容易产生合并，相对速度太快的星系，大多会相互穿过对方，也可能两个看起来会碰撞的星系，最终只是近距离错过，就像银河系与仙女星系，未来的结果其实尚未可知。

也有研究认为，仙女星系过去曾与其他星系至少发生过一次碰撞，今天的太阳系则很可能是曾经的星系碰撞合并后形成的新星系，甚至最初的太阳系还可能是星系碰撞初期仙女星系的一部分。

两个星系的碰撞合并，一般来说会经历靠近、碰撞、引力反应、合并、平静等几个阶段，合并的阶段需要上亿年至十几亿年，合并后的新星系稳定下来所需的时间则更长。

一开始，相互靠近的两个星系会彼此绕转，在经过数次的相互穿越与碰撞后，星系将发生变形并相互交换物质，在两者最靠近时，它们施加的潮汐力可能会压缩物质形成潮汐臂，在引力的作用下它们会逐渐产生新星系的旋臂、短棒。距离越来越近后，星系中心的星云被压缩，坍缩形成许多新恒星，最后，两个星系就合并成了一个新的椭圆星系。合并后的新星系历经数次公转，星系核经过数亿年、外围物质经过数十亿年的运转后，星系才能最终平静下来。

借助天文望远镜，科学家们已经观测到了不少处于不同碰撞合并阶段的星系，比如处于引力反应阶段的双鼠星系、处于合并阶段的触须星系、处于平静阶段的海星星系等，不过如今正在发生合并的星系大约不到总体的2%，并且虽说是碰撞，但其实因为星系过于庞大和稀疏，星系中体积非常小的恒星一般是不会发生直接碰撞的，气体星云碰撞产生的能量，则会形成许多均匀分布在星系里的球状星团。

仙女星系与银河系的碰撞，是极为典型的可用作研究星系碰撞的范例，但45亿年后，它们会不会相撞，两个星系的超大黑洞会不会融为一体，邻近的三角座星系会不会被拖拽过来，都是未知的，况且，那时的太阳虽然很可能不会在星系合并中被甩飞或者被撞，但那时的太阳已走到了生命的尽头，所以银河系的未来，仍是不确定的。

小贴士

最早观测记录仙女星系的很可能是公元10世纪的波斯天文学家阿尔苏飞，因为他曾在自己的著作《恒星》中将它描述为“小云”，在中国古代，该星系被称为“奎宿增廿一”。后来，在1764年，法国天文学家梅西耶在他的星团星云表中将仙女星系编号为M31，还说它是德国天文学家西门·马里乌斯在1612年发现的。

威廉·赫歇尔后来认为它是天空中所有的星云中距离我们最近的“星云”。数个世纪以来，天文学家把仙女星系都当成了银河系内的天体，并在旧文献中将它称作仙女座星云。1887年，以撒·罗伯斯在英国为它拍摄了第一张照片，终于让人们看清了其螺旋结构，但直到20世纪20年代，埃德温·哈勃才最终向世人宣告，仙女星系是独立于银河系之外的星系。

第五章

宇宙深处

1. 在虚空的星云中新生

茫茫无际的宇宙中，除了恒星、行星等各种天体，人们倾向于把宇宙看作黑暗的真空状态，寂静孕育了无边的虚空，但其实，在那看似一无所有的地带，布满了密度极其接近真空的星际尘埃、细微介质等星际物质，无数的恒星生命正在“呱呱坠地”，迎来新生。

其中在一些星际介质较为集中的地方，氢气、氦气、等离子体、宇宙尘等物质，会聚集形成星际云。从广义来说，宇宙间那些散落的物质，都可以被叫作星云，星云是恒星诞生的摇篮，不同种类的巨量恒星在星际介质的压缩坍塌中，逐渐成形。

曾经因为看不到内部的恒星，天文学家们将星系、星团与星云都混为一谈，但如今，星云已经被科学家越来越清晰和细致地区分归类了。

因形态和特征各异，星云也有不同的种类，比如其中大部分都是常见的弥漫星云，这一类星云没有明确的边界，因放射波长的不同又可以进一步细分下去；由较小质量且接近巨星的恒星在变成白矮星时向外抛出的气体形成的星云，被称为行星状星云，这类星云比其他种类的星云密度更大；大质量恒星在生命终点变成超新星大爆发后，留下的残骸，则是一种特别的弥漫星云，也被叫作“超新星残骸”。此外，还有暗星云、原行星云等不同的分类。

早在望远镜被发明前，星云就已经被人们知晓了，比如公元150年时，托勒密曾在他的天文学巨著《至大论》中写过“五颗星出现在云中”，他还注意到了大熊座与狮子座中间存在跟星星没有关系的云气。此后经过天文学家世世代代的努力，再加上天文仪器的更新迭代，人们对星云的认知突飞猛进。

哈勃太空望远镜在1995年4月1日拍摄到了“创生之柱”——在鹰星云内呈圆柱形的星际气体与尘埃云。这张照片一经公布就声名大噪，照片中三根高高的柱子有1光年高，所能看到的红色光点，都是新诞生的恒星，并且可以看出柱子顶部的云气正在蒸发消失，那是因为新恒星发出的恒星风将物质吹散了。

不过，研究表明“创生之柱”因为距离地球遥远，现在其实可能已经被一颗爆发的超新星摧毁了，也许1000年后甚至更久以后，被破坏掉的“创生之柱”发出的光形成的形象才能传达到地球。

那么，神秘又稀薄的星云，是如何“生产”宇宙间最重要的天体之一恒星的？历时几百万年至几千万年，这个漫长的过

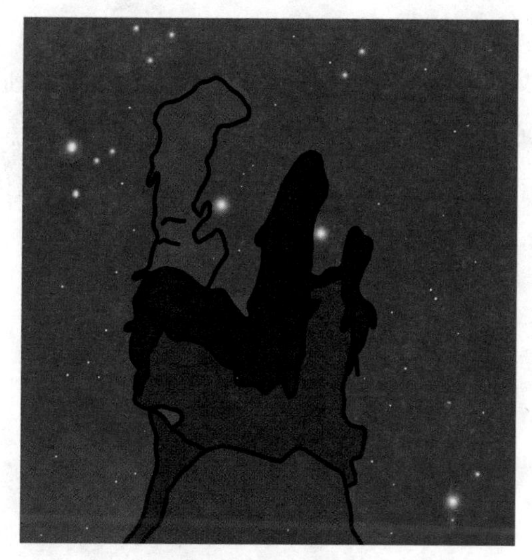

鹰星云创生之柱

程不断重复着，瑰丽无比，奇妙异常，验证着宇宙的无限可能。

首先，那看似疏散无比的星际介质，会在引力的作用下慢慢聚集成分子云，引力不断地持续推动，分子云开始收缩和加速，云中心的温度也由原来的零下二百多摄氏度渐渐升高，同时分子云旋转了起来，并越转越快，此时这种状态下的分子云，可以叫作原恒星，也就是胚胎恒星。

随着温度和压强的升高，原恒星中的氢不断聚变为氦，真正的恒星就这样在星云中诞生了，在恒星“出世”的同时，那些本来环绕原恒星的由星际介质和气体构成的原行星盘，也将在引力的不断作用下，坍缩形成星子，无数的星子碰撞吸引，就会诞生新的行星和其他天体。

玛雅文明关于夜空中猎户座的神话传说曾经提到天空周围有熊熊的炉火，如今看来，天空中无尽的星云正如蕴含着星星之火的炉子，它们加热、凝聚着原始的燃料物质，点燃了发着光热的恒星。

在发现新的星云后，天文学家根据检测到的元素放射出的光的不同颜色，将原本是黑白色的星云照片涂上了各不相同的颜色，最终呈现在大众面前的照片，才会显得那样美丽而震撼人心。

比如在“创生之柱”的照片中，绿色代表的是氢，红色代表电离状态的硫，蓝色代表少了两个电子的氧原子。被添加了颜色的星云构成的奇特形状引发了人们的强烈关注，也由此有了一些知名度跟“创生之柱”类似的知名星云。

又如，金牛座超新星爆发后其残骸形成的蟹状星云也是有名的星云；位于天龙座的行星状星云猫眼星云，是已知星云中结构最复杂的星云之一，它形成于大约1000年前；船底座星云与猎户座星云，是天空中第一亮和第二亮的可以用肉眼看到的星云；此外还有广受欢迎的玫瑰星云、鹈鹕星云，等等。

2. 星星的“地图”怎么看

天上的星辰成千上万，人们不用工具就能看到的有数千颗。自古以来，借助由星星组成的地图，人类可以辨方位、识季节，用星空这本无字天书，人类识别出许多有趣的故事和有用的知识。

由历代的天文学家编制的关于星星的地图，就是“星图”。天文学家们以网格的形式划分夜空，根据星星间的相对位置，加上神话与想象，用线条连接一些星星，画出了一幅幅星座图。现代的88个星座构成了现在的星图，以星图为基础，人们就可以进一步定位不同的恒星、星座和星系。

最早的疑似星图，甚至可以追溯到史前，一些远古的洞穴壁画绘制的图案，极有可能就是那时的人眼中看到的与今天有所不同的星座。能确定年份的世界上最古老的星图，编制于公元前1534年的古埃及，而在公元前5世纪到公元前3世纪，我国战国时期天文记录中绘制的图形，被认为是我国最早有记载的星图，我国较为有名的星图，还有出土于莫高窟的敦煌星图、宋朝天文学家苏颂在《新仪象法要》中绘制的有1464颗恒星的五张星图等。

在中西不同文化背景下，人们自古以来都将恒星想象成不同形状，组合成星座应用到生活中，尤其在航海领域，最早的星座命名，很可能来自航海的水手。公元2世纪的天文学家托勒密就记录过48个星座中的1022颗恒星，他甚至根据神话传说为每个星座都进行了形象的命名，他命名的星座，也是现代星座的原型。

不过，托勒密记载的星座都位于赤道地区及北半球，等到了17、18世纪，巴耶、赫维留、拉卡伊等天文学家先后为南半球所能看到的星座进行了命名。现代的88个星座，从名称上就可以看出风格迥异的命名特点，它们既包含了人类和鸟类、昆虫等动物的形象，也包含了一些如飞马、河流、半人马、龙等特别的形象。现代星座的正式名称是用拉丁文表示的，另外还能用三个字母的缩写代表不同星座。

简单来说，88个星座可以被分为北天星座、黄道星座、南天星座三大类，找出每个星座的中心，根据赤经与赤纬计算出该点坐标，就可以得到该天体在天球中的准确位置。天空中每一颗能被观察到的恒星，都有它所属的星座，根据星图与星座，也就能够更好地观赏夜空了。

星座在古代虽然作用非同一般，如中国古时就有“三代以上，人人皆知天文”的说法，但到了现代，星座的引导作用对普通人来说已基本无关紧要。而对于观星的天文爱好者来说，如何更简便地识别出一些星星，则是很有意思的事。

位于小熊星座的北极星和位于大熊星座的北斗七星，是北半球夜空最重要、最容易被认出的标志，找到北斗七星后，延伸天枢、天璇两颗星的连线，在二者距离的5倍处，就是北极星。北极星是认知里最靠近北天极的恒星，它的方位是正北方，并且北极星整夜都不会落到地平线下，以它和北斗七星作为基础，就能找出附近那些恒星和星座。

北斗七星

春夏秋冬不同季节，夜空中都有一些特征明显的星座能够帮助人们辨认更多星座，如根据冬季三星连成一线的明亮的猎户座，夏季大三角的牛郎、织女、天津四三颗星，又比如秋季飞马座的四边形，等等。

星座是从地球上看到的恒星在天球上的投影，不同的文化背景下，星座被赋予了不同含义。中国古代以星官来划分天空，“三垣、四象、二十八宿”分别囊括了整个夜空，星官则是其中恒星组合的名字。其中“三垣”指环绕北极的紫微垣、太微垣和天市垣三个区域，赤道带根据“东青龙、西白虎、南朱雀、北玄武”分为四象，每个大的区域再分为7个小的区域，共同组成了二十八宿。

司马迁记录于《史记·天官书》中的500多颗恒星分属于91个星官，到了隋朝的《步天歌》，已记载了289个星官，明朝末期的徐光启，在参考了欧洲的天文记录后，额外加上了近南极星区的23个星官。中国古代的星官体系与社会体系紧密对应，同时也体现了中国文化中“天人合一”的思想。

3. 赫罗图：一颗恒星的生命历程

古代的天文学家们发现新恒星时，会根据它们的光度与温度两个重要特征进行命名，光度由高到低，人们用希腊字母α、β、γ、δ、ε……依次进行编号，但是随着人们认知的提升，发现字母的顺序并不能真正代表恒星的实际亮度，况且字母是有限的，新恒星的不断发现很快淘汰了这个分类法。

早在古希腊时，天文学家喜帕恰斯便把他编制的星表里的1022颗恒星按亮度从高到低划分成了1等星到6等星共6个等级，后来的天文学家引入表示更高亮度的负星概念，最终成了沿用至今的视星等体系。不过，视星等只是人们从地球上观测的星体亮度，并不能表示它们本身的发光强度，如何用光谱特征对恒星进行分类，涉及分类标准的不同。

科学家们能够观测到，因所含化学元素丰度的不同，宇宙中数不清的恒星因不同温度而发出了不同颜色的光芒，其中温度最高的恒星发出的光芒倾向于蓝色，表面温度最高约为50000K（开尔文，温度计量单位，0K=—273.15℃）；散发黄色光芒的恒星，温度属于中间范围，如同太阳一样，表面温度约为6000K；温度最低、最冷的恒星发出的光芒是红色的，温度约为3000K。

20世纪初，经过多年的研究与探讨，以女性为主体的哈佛计算员们，最终依据安妮·坎农以恒星表面温度进行分类的一维分类法，对恒星进行了光谱分类：O（蓝）、B（蓝白）、A（白）、F（黄白）、G（黄）、K（橙）、M（红）的顺序，表示恒星的表面温度由高到低，在每一个字母大类下，又以0—9的阿拉伯数字顺序再次对温度进行由高到低的细分。

这一分类方法被称为“哈佛光谱分类法”。该方法问世后，天文学家埃纳·赫茨普龙和亨利·诺利斯·罗素于20世纪10年代分别独自创建了新的分类方法，他们依据恒星的绝对星等或光度相对于光谱的类型，绘制成了恒星的散布图，简单来说，就是恒星的亮度与温度的关系示意图。这张图取二人名字的首字母，被称为“赫罗图”或“H-R图”。

赫罗图依照哈佛光谱分类法将恒星进行了分类，从图上很容易看出，右下角质量小、温度低的恒星与左上角质量大、温度高的恒星呈对角线规律分布，在这条对角线区域内的恒星都被叫作“主序星”。除了主序星，对角线右上方向的恒星表面温度低但亮度高，发出红色的光芒，它们就是红巨星或红超巨星，左下方向的恒星表面温度高但亮度低，发出白色的光芒，这类恒星就是白矮星。

因为恒星在完整的燃烧过程中，颜色与亮度会发生变化，由赫罗图就能明了地看出，一颗恒星在一生中会经历哪些形态的演化。

质量不同的恒星会有不同的演化方向，如太阳一样的中等质量恒星或小质量恒星，在生命的最后核聚变停止时，核心收缩，温度飙升，这时它们将脱离主星序，变成红巨星，经过爆炸以后，核心最终成为质量较小的白矮星，外层则会形成行星状星云。

大质量恒星到了生命的尽头，会变为红超巨星，进而完成超新星爆发，核心坍缩变成密度极高、质量极大的中子星甚至黑洞，外层形成超新星残骸。

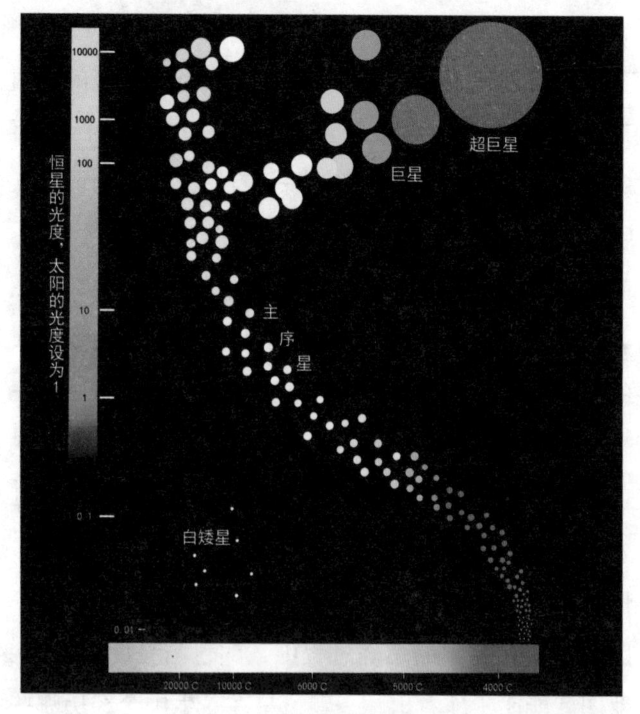

赫罗图

恒星生命中的大多数时间，都处在主序星的位置，它们缓慢地燃烧着，而在它们生命的终点，它们将会耀眼爆发，成为另一种新的存在。

用新的分类方法对恒星进行区分的“哈佛计算员”们，是对那时在哈佛天文台处理天文资料的女性技术人员的统称。时任天文台台长的爱德华·皮克林雇用了数十名女性进行研究，她们协助皮克林于1890年发表了第一版HD星表，总共收录了用光谱分类的10000多颗恒星。

由于那时女性的薪资远低于男性，皮克林雇用女性就等于可以雇用更多的人手办公。首位受雇用的计算员，是皮克林的女佣威廉敏娜·弗莱明，因为皮克林原来的男性助手糟糕的工作成果让他感到不满，他认为自己的女佣都可以做得比他好，事实证明弗莱明工作能力很强，并且她最为知名的贡献是发现了马头星云。此外，安妮·坎农也是其中一位知名的计算员，她对南天球的恒星进行了分类，哈佛光谱分类最早也由她提出。

4. 当梅西耶遇见蟹状星云

天文爱好者在观赏夜空中那些除恒星以外的深空天体时，最爱参照的是法国天文学家查尔斯·梅西耶（Charles Messier）

编著的《梅西耶星云星团表》，这份列表中被编号的110个星云、星团和星系等天体，一般被统称为“梅西耶天体”，位列第一位的M1天体，就是位于金牛座的蟹状星云。

梅西耶之所以给这些深空天体编号，并不是对它们感兴趣，相反，在梅西耶几十年的观测中，他一直钟情于寻找彗星，夜空中那些与彗星类似的固定天体很容易让梅西耶混淆，干扰了他对彗星的搜寻。于是，梅西耶跟助手皮埃尔·梅尚一起制作了一份星云星团表，以记录和区分这些不容易辨别的非彗星天体。

初版列表罗列了45个天体，后来经过梅西耶的两次增补，总数达到了103个。剩余的7个天体，是后来的天文学家依据梅西耶的标注添加的，都是已被梅西耶和助手发现但没加入列表的天体。

查尔斯·梅西耶

在《梅西耶星云星团表》出版后，又诞生了更为详尽的、包含了7840个深空天体的《星云星团新总表》（《NGC表》），但因为梅西耶天体是日常观测时最明亮又最有吸引力的深空天体，所以直到今天，梅西耶天体依然是天文爱好者拍摄与研究的目标，其编码也依然作为天体的代号，广泛应用于天文学领域。

《梅西耶星云星团表》包含了在欧洲地区可观测到的几乎所有壮观的5类深空天体，比如弥漫星云、行星状星云、疏散星团、球状星团和星系，这些天体的位置与类型并不是特定的，如M1的蟹状星云既是超新星残骸，也是脉冲风星云。

该蟹状星云其实源于约1000年前一颗超新星的爆发，公元1054年，我国史书的天文记录中就刚好记载了在相同位置这颗“天关客星”的爆发经过，在近一个月的时间里，人们在白天都能看到那颗耀眼的新星，两年多以后，它才完全暗淡，消失不见。人们甚至发现在东亚、中东等的史书中都有1054年这颗超新星爆发的观测记录，不过鉴于寻找历史证据的西方天文学家最早在中国的史书中找到了记录，那颗爆发的超新星“SN1054”，也被称为“中国超新星”。

蟹状星云距地球约6500光年，直径有11光年，它目前还在以每秒约1500千米的速度四散着。1969年，天文学家发现蟹状星云的中心其实是一颗脉冲星，它也是人类首次确认的与超新星爆发遗迹有关的天体。

在梅西耶1758年独立观测到蟹状星云并将它编入星表之前，最早观测到这个星云的天文学家是约翰·贝维斯，他在1731年就已经发现了蟹状星云，而该星云名称的由来，则是因为1848年观测到它的罗斯伯爵绘制的图形特别像螃蟹，M1于是有了这个有趣的名字。

除了蟹状星云，梅西耶天体中其他有名的天体还有不少，比如银河系的邻居M31仙女星系、M33三角座星系，还有著名的疏散星团M45昴星团（也叫七姊妹星团），银河系附近质量最大的星系之一、天空最明亮的电波源之一的M87室女A星系，等等。

时至今日，蟹状星云一直受到天文学家的关注，它稳定的高能辐射源，使得天文学家可以将其作为标准来测量宇宙其他辐射源的能量，并借由它研究其他天体，蟹状星云在天文学上的重要性因此不言而喻。

梅西耶作为“彗星猎人”从小就对彗星有浓厚的兴趣，1744年，14岁的梅西耶看到过一颗拥有6条扇形彗尾的大彗星，并且他还曾在家乡观测过日全食，这些都激发了年轻的梅西耶对天文学的研究热情。

梅西耶在1751年担任法国海军天文台天文官的助手以后，就开始忠实记录他对彗星的观察。后来，在埃德蒙·哈雷预测哈雷彗星将于1758年再度出现的日子，梅西耶积极搜寻哈雷彗星并在当年的圣诞节发现了其踪迹，虽然他比那时第一个观测到哈雷彗星回归的天文学家约翰·乔治·帕利奇晚了一个月，但他也因此获得了名气。

在几十年的时间里，梅西耶一直热衷于搜寻彗星，他一生中共发现了13颗彗星，因此被法国国王路易十五称为“我的彗星猎人”，由此可见他在这一领域的突出成就。

5. 黑洞、白洞、虫洞都是什么洞？

早在18世纪时，英国的一位牧师兼科学家约翰·米歇尔，就曾预测有“暗星”存在，他认为这种天体的质量大到连光都无法逃离，他假设这种大质量天体的密度与太阳相似，当它的直径是太阳直径的500倍或更大时，天体表面的逃逸速度会超过光速，也就是说，这种超大质量的天体发不出光，也没有辐射，不能被直接观测到。

虽然科学家们对这种看不见的神秘又巨大的恒星很感兴趣，但因为米歇尔的暗星理论太过超前，又碰上当时光的“波动说”大行其道，如果光是波，重力对逃逸的光波的影响就无法预计，进而也就没办法研究大质量恒星周围的引力效应了。

可当爱因斯坦提出广义相对论后，转变发生了。根据广义相对论，引力能影响光的运动，根据爱因斯坦的引力场方程，德国天文学家卡尔·史瓦西算出了方程式的一个解（“史瓦西解”），揭示了没有旋转的球状天体周围的时空特性。

“史瓦西解”是说，当一个有质量的球状天体其半径被压缩到某个临界值以内的时候，光就无法逃逸出来了，史瓦西将这种天体叫作“魔球”，这样的临界值也被后人称为“史瓦西半径”，比如太阳和地球，当前者的半径被压缩到2900多米、后者被压缩到不到9毫米时，就会达到临界值，变成“魔球”。

这样的天体能将包括光线在内的所有物体都吞噬掉，与之前米歇尔提出的暗星非常类似。

只基于数学推论得出的奇异天体，并不能让科学家们接受，尤其是两个大名鼎鼎的人物爱因斯坦和爱丁顿，他们并不认为宇宙中会存在这种半径小于史瓦西半径的天体，不过没过太久，就有新的观测证据来佐证史瓦西的理论了。

约瑟琳·贝尔·伯奈尔在1967年第一次发现了脉冲星，其实也是高速旋转的中子星，中子星是一些大质量恒星的核心坍缩后形成的致密天体，半径一般只有10到20千米，如果更大质量的天体发生引力坍缩，就很有可能形成被科学家称为“黑洞”的天体。现代的人类使用了更先进的仪器，探测到了宇宙中的黑洞。

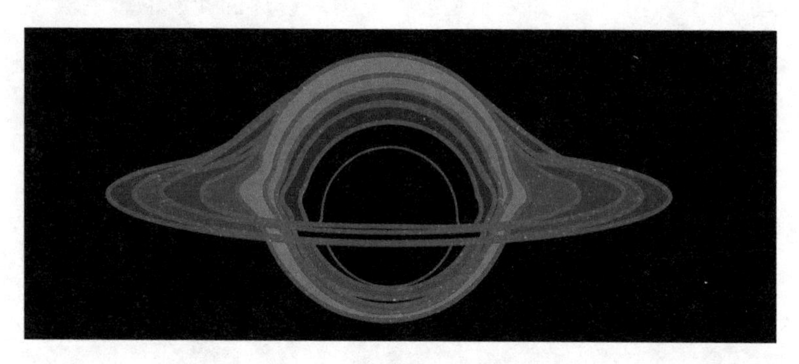

黑洞外观模拟图

黑洞的核心，是依据相对论推测可能存在的质量极大、体积极小的奇点，所有的物体都会被黑洞强大的引力吞没。被吞没的物质会发生什么，到什么地方？科学家认为它们会被撕扯成原子大小的细线，也有可能被奇点附近的虫洞送到白洞中去。

根据对史瓦西解的计算，苏联科学家诺维科夫于1964年提出了与黑洞性质相反的白洞存在的假设。处在该时空区域的物质只能向外放射，物质与光线则无法进入其中，但目前没有任何证据证明白洞的存在，它不过是用纯理论推导出的想象中的星体。

连接起黑洞与白洞的狭窄通道，便是我们俗称的“虫洞”，爱因斯坦、纳森·罗森在研究引力场方程时，假设利用虫洞能进行瞬时空间移动或时间旅行，虫洞也因此被称为“爱因斯坦–罗森桥”。实际上，穿越虫洞的场景存在于很多科幻小说中，爱因斯坦并不认为人类可以通过虫洞进行时空旅行，奇点的引力表明，落入其中的人只有死路一条。

连通着黑洞和白洞的多维空间隧道虫洞，理论上在宇宙中是无处不在又非常脆弱的，它们被假设会在短时间内断开并消失，人们设想某些物质的存在能够让虫洞维持开放的状态，但这很难令人信服，并且至今也没有找到虫洞存在的相关证据。

一般认为，美国科学家约翰·惠勒是“黑洞”一词的创造者，但其实在他之前已有人提出这个名称。20世纪初，物理学家用引力坍缩的物体指称约翰·米歇尔提出的暗星，后来美国物理学家罗伯特·亨利·迪克以一所臭名昭著的监

狱——加尔各答黑洞，来比喻这种天体。加尔各答黑洞，是1756年孟加拉人用来监禁英国俘虏的狭小土牢，据说曾监禁于此的146名英国人中有123人窒息死亡，引发了巨大的国际争论。

因为进入其中的人几乎都没有能够活着出来，人们便用加尔各答黑洞来命名这种天体，天文学上的黑洞就像光的监狱一般。1963年和1964年，一些科学杂志和新闻报道使用了“黑洞”这个名词，1967年，惠勒在讲座上采用和普及了该词。

6. 难以捉摸的暗物质

如今我们已经得知，宇宙中有大量暗物质的存在，那些看不见的物质，远比人类能看到的物质多。经科学家探测，目前认为整个宇宙是由4.9%的普通物质、26.8%的暗物质，还有多达68.3%的暗能量组成的。那么，既没有产生电磁辐射，又不会吸收、反射或发出光的暗物质，究竟是怎么被发现的？

1932年，荷兰科学家奥尔特观测到，银河系边缘的恒星并不像围绕太阳运行的行星那样，越靠近边缘的，公转速度就越慢，相反，它们以极快的速度在绕转，他由此认为，银河系的引力与质量比想象中更大，并以此推测银河系中存在着质量非常大的无法探测的物质，质量可能达银河系可探测物质质量的3倍。

第二年，在美国工作的瑞士天文学家弗里茨·兹威基，从另一个角度提出了跟奥尔特相同的看法，他在研究后发座的星系团时，用公式计算出该星系团存在大量不会发光的物质。当时，人们称这类物质为“被丢失了的质量”。

早期的研究者们认为，星系中的那些“晕族大质量致密天体”，如黑洞、中子星、老年白矮星等，存在着观察不到的、被藏起来的物质，只是多年的天文观测下来，所有这类天体构成的质量远远达不到理论上该有的数值。

20世纪80年代，美国天文学家薇拉·鲁宾与同事合作发表了一篇重要论文，论文的结果是依据她此前多年对星系自转速度的观测。鲁宾发现星系外侧的旋转速度快于用牛顿万有引力定律计算出的速度，甚至外侧与星系中心自转的速度一样快，所以她推测，是有数量庞大的可以吸引住星系物质的暗物质存在所致，是暗物质让外侧物质不会因为过大的离心力而被甩飞出去。

2006年，天文学家们观测到了星系碰撞的过程，在强力作用下，暗物质和常规物质的分离，直接向世人证明了暗物质的存在。只不过直到今天，即便科学家对暗物质做了许多观测，对暗物质的构成成分仍然存在许多未知。

理论认为，暗物质是由一种或多种跟电子、质子、中子等粒子不同的其他粒子构成的，最为流行的说法是由“弱相互作用大质量粒子”这种新粒子构成。它的作用力极其微弱，所以从没有被人类探测到。

暗物质已经如此难以观测和研究，那除了暗物质，人们又是如何得知在宇宙中占比更大的暗能量的存在的?

美国科学家麦克·特纳在1998年提出了“暗能量”这个名词，在此之前，爱因斯坦曾根据相对论公式得出了宇宙会收缩或膨胀的结果，但他坚信宇宙是稳恒态的，就添加了一个宇宙常数，以使结果看起来完美，但哈勃发现的宇宙红移现象直接证实了宇宙的膨胀，爱因斯坦删除了宇宙常数，并认为引入宇宙常数是他一生中最大的错误。

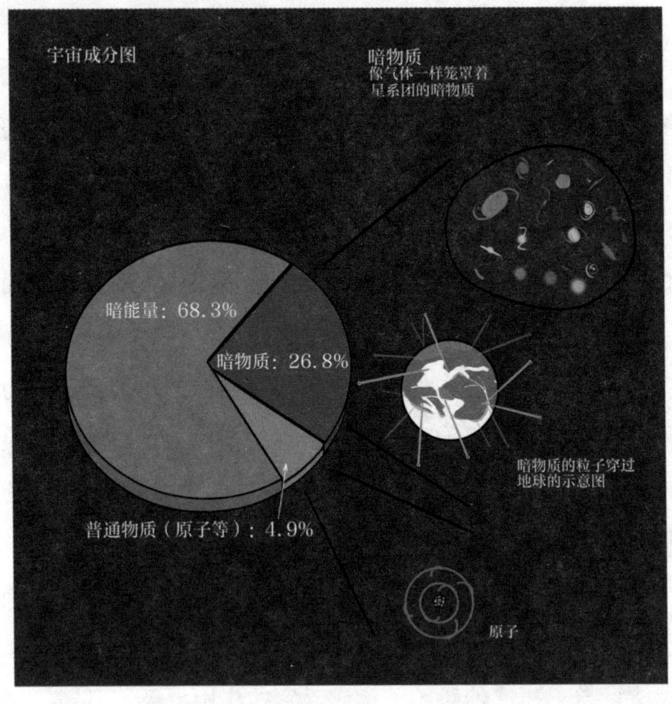

宇宙成分图

出人意料的是，1998年，科学家根据观测数据得出了宇宙在加速膨胀的结论，那就表明，宇宙常数并不为零，虽然数值可能很小，但是宇宙常数支持了难以觉察的、充盈的、能加速宇宙膨胀的能量形式的存在，也就是暗能量存在的可能。

其实，目前暗能量的存在仅仅是一种假设，主要依据是科学家观测到了宇宙加速膨胀的现象，若要符合理论上宇宙大爆炸时的物质临界密度，需要加上除普通物质和暗物质以外的未知物质。此外，宇宙大尺度质量密度的傅立叶谱也支持暗能量存在的假设。

所以，人类要探明宇宙的真相，还有长路要走。

暗物质探测是当代粒子物理、天体物理相当热门的研究领域，有直接探测实验和间接探测实验两种探测方式。直接探测实验通常都在地底深处进行，用来排除宇宙射线的背景噪声，比如位于四川锦屏山地下2400米的中国锦屏地下实验室，就是世界上最深的暗物质实验室。

在间接探测方面，2015年12月17日，搭载长征二号丁运载火箭升空的“悟空”卫星就是用来探测暗物质的。被命名为“悟空”的暗物质粒子探测卫星（Dark Matter Particle Explorer，简称DAMPE）也是我国的第一个空间望远镜，它由中科院花费数亿元研制，能量分辨率高出同类探测器3倍以上，是世界上观测范围最广、能量分辨率最优的暗物质粒子空间探测器。2017年11月30日，中科院称“悟空”发现了暗物质可能存在的证据。

7. 引力波存在吗？

在爱因斯坦于1915年发表广义相对论之前，法国科学家儒勒·昂利·庞加莱曾在1905年提出，就像有加速度的电荷会产生电磁波一样，附加了加速度的质量，在重力的相对论场内运动时也会产生引力波。引力波好似时空里的涟漪，它们从有质量的物体处向外传播，还会对周围的时空产生一定的扭曲。

虽然爱因斯坦对庞加莱的这一观点存疑，但他还是用引力波的概念结合广义相对论进行了推导，在1916年的论文里，爱因斯坦还阐述了推导过程并预测了三种不同的引力波的存在。可是论文的假设引发了学界的质疑，连爱因斯坦自己都对预测结果没有信心。又过了20年，1936年时爱因斯坦和内森·罗森写了一篇名为《引力波存在吗?》的论文，并将它投给了学术期刊《物理评论》，论文的结论是引力波在广义相对论中不存在。

该期刊的一位匿名评审指出了这篇论文中的错误，惹得爱因斯坦非常不满，他打算从《物理评论》撤稿，转投别的期刊发表。这期间，爱因斯坦的同事罗伯逊当面向爱因斯坦解释了如何改进他和罗森的计算从而得出正确结果的思路，爱因斯坦修改了论文，论文最后以《论引力波》的名字发表。

理论上，引力波能够以任何频率存在，还能穿透电磁波无法穿透的空间。据此，天文学家便能了解黑洞的合并以及深空中宇宙的天体性质，可是又因为引力波的频率极低，与物质间的相互作用极其微弱，再加上宇宙间的远距离传输更易造成波的消散，所以人类几乎无法探测到引力波。

如何证明引力波的存在，成了亟待解决的问题。

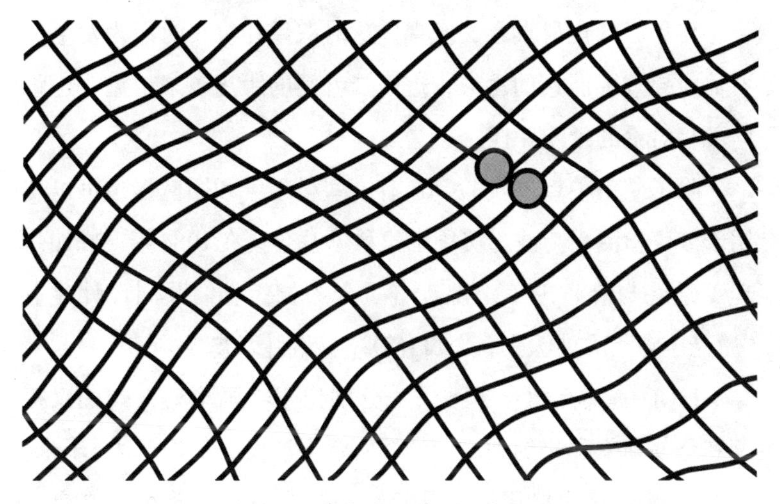

引力波示意图

1969年，约瑟夫·韦伯声称用自己设计建造的第一个引力波探测器“韦伯棒”，首次探测到了引力波，后来他又多次声称接收到了信号。很多科学家都对此产生了浓厚兴趣，先后建造了不少类似“韦伯棒”的圆形探测器。但是，除了韦伯，其他人什么都没探测到，到了20世纪70年代中期，韦伯的试验备受质疑。

直到一个双星系统在1974年被发现，才间接验证了引力波的存在。美国物理学家拉塞尔·赫尔斯和约瑟夫·泰勒在这一年发现了一颗射电信号很怪的脉冲星，按照广义相对论，它应该与另一颗中子星围绕同一质心绕转，组成双星系统。这是人类发现的首个脉冲双星系统，也叫作“赫尔斯–泰勒脉冲双星”。

几年后两位科学家又发现，这对双星在绕转时因为发生重力辐射导致了能量的丢失，进而二者间的距离越来越近，这跟广义相对论的预测一样。

除了“韦伯棒”实验，还有一些科学家和团队提出可以使用干涉仪检测引力波。美国国家科学基金会在1984年促成加州理工学院与麻省理工学院签署了合约，让它们共同设计建造“激光干涉引力波天文台”（LIGO）观测引力波。

LIGO一共有两台干涉仪，分别位于美国华盛顿州的汉福德和路易斯安那州的利文斯顿，两台干涉仪的臂长都达4千米。2002年项目建成启用后，几年之内都没有得到理想的结果。2015年9月14日，整修后的LIGO首次检测到了引力波信号，那个信号来自距离地球约13亿光年远的两个大质量黑洞合并。这一重大发现证实了广义相对论预测的正确性，负责该项目的三位科学家也因此获得了2017年诺贝尔物理学奖。

之后，LIGO又检测到过十几次引力波信号，人类新的天文学历程就此开启。

LIGO建造和使用的过程颇为曲折。起初，莱纳·魏斯的团队在美国麻省理工学院，朗纳·德瑞福的团队在英国格拉斯哥大学，他们先后建成和运行了小型的引力波干涉仪，而差不多同时，基普·索恩在加州理工学院也组建了探测引力波的团队。1979年，索恩从格拉斯哥大学聘请了德瑞福来领导加州理工学院的实验团队，还在1983年建成了一台40米臂长的干涉仪。

为了整合资源建造更大的干涉仪，1984年，索恩、德瑞福和魏斯三人一起主持了LIGO项目的设计建造，由美国国家科学基金会资助，但是因为内部人事不和，该项目的进度一直被耽搁。直到1994年巴里·巴里什被委任为项目主任，对项目进行了大刀阔斧的改革，LIGO才在5年后完工并投入使用。

8. 含义丰富的“哈勃深场照”

发射于1990年的哈勃太空望远镜，至今已拍摄和发现了许多足以改变人类对宇宙认识的天体，其中，哈勃深场照无疑是最让人感到震撼的照片之一，因为它告诉了人们宇宙深处的秘密。

鉴于哈勃望远镜的受欢迎度，全世界的天文学家和机构都排着队申请它拍摄照片的使用权，其中有一个不被人看好的拍摄计划惹得众人议论纷纷，因为这个计划让望远镜对准的是一片极小的、非常暗的暗黑区域，可想而知那里应该什么都没有。

那片拍摄区域位于大熊座，只有全天面积的2400万分之一大，哈勃望远镜从1995年12月18日到12月28日进行连续拍摄，最后的成像是由342次曝光叠加拼成的一张照片，看到这张最终的照片后，人们感到很吃惊。

在被人们称为“哈勃深空视场”（Hubble Deep Field，缩写为HDF）的那张照片中，竟然显示了许多光点，在那片被拍摄的极小的区域内，有3000多个光点，除了前景的20颗恒星，其他光点绝大部分都是非常非常遥远的星系，清晰可辨的有不规则星系、旋涡星系等，也有只有几像素大小的星系。

宇宙到底有多大？从哈勃深场照就可以窥见一斑，宇宙中有上千亿个跟银河系类似的星系，每个星系中又有上千亿颗恒星，宇宙的浩渺与广阔，可以穷尽人们的想象。

因为这张照片里的星系足够多，包含了几乎各个演化阶段的星系，所以天文学家们还能由此了解宇宙大爆炸以来所有星系形成与变化的历史。

我们所知的是，处于膨胀中的宇宙使得距地球越远的天体在远离地球时的速度也越快，被拍摄到的那些非常遥远的星系产生的红移现象，也会更加明显。天文学家在照片中发现的许多红移速度飞快的星系，距离地球有120亿光年那么远，按照宇宙138亿年的年龄来算，那些星系已非常古老，甚至算得上是目前所知最古老的星系，此外还有一些非常年轻的星系，这些都对研究早期宇宙有重要意义。

到目前为止，由于这张照片所包含的内涵丰富，关于哈勃深场的科学论文一直引用这张照片，连同照片中数量极少的前景恒星，也有特别的科学意义，因为那或许表明银河系外围并不存在大量红矮星、行星等“晕族大质量致密天体”。

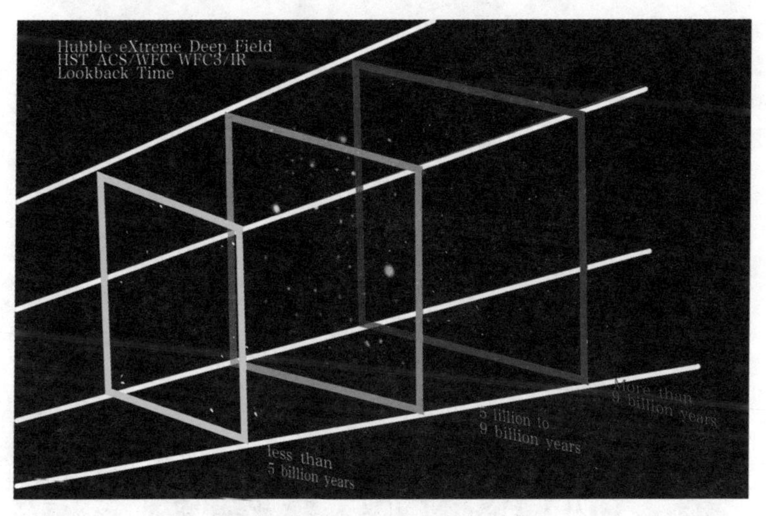

哈勃极深场前景天体分布

在拍摄哈勃深场照三年后，哈勃望远镜以同样的方式拍摄了南天杜鹃座的深场照，照片呈现的密密麻麻的深空星系，跟哈勃深场照是一样的，这表明宇宙在极大的尺度上是均质的，这符合基本的宇宙论原则。这也同样说明，我们的地球并不特别，它只是位于宇宙中一片与其他空间毫无区别的平常区域内。

2003年9月到11月，经过113天的曝光，哈勃太空望远镜又拍摄了天炉座的一小片区域，该区域约占全天面积的1270万分之一，这张被称为“哈勃超深场”的照片，共包含大约10000个星系。其中,宇宙只有8亿年历史时就已存在的星系约有100个，这无疑能让人类看到130多亿年前的宇宙“幼年”景象。

在哈勃超深场照以及此前10年拍摄影像的基础上，2012年9月，“哈勃极深场”影像被公布，它展示的是天炉座哈勃超深场照片中心更小的区域，那是目前我们人类在可见光范围内所能看到的宇宙最深最远的地方。

毫无疑问，银河系作为整个宇宙中2000亿个星系之一，是目前人类赖以生存的唯一家园。

与宇宙论原则类似的是平庸原则或哥白尼原则，这类原则都是一种科学哲学观念，认为人类或地球在宇宙中并没有任何特殊地位或重要性，地球不过是茫茫宇宙中的一颗普通行星。

哈勃深场照中的无数星系，以及旅行者1号探测器从64亿千米外拍摄的地球照片“暗淡蓝点”，都证明了平庸原则的观点，即宇宙比人们想象中的要大得多，而地球也比人类认为的要古老得多。

但也有科学家提出了相反的“人择原理”，比如他们认为虽然宇宙中可能有其他文明存在，但至今人类也没有收到任何外星信号，说明地球文明或许就是极特殊的存在，而且地球恰巧位于宜居带，拥有满足物种生存的条件，是非常罕见的。

9. 宇宙的明天

宇宙是由空间、时间、物质、能量构成的统一体，是过去、现在与未来万物“存在的总和”。人类是宇宙中的一员，如同人的生老病死，宇宙也有自己的生命历程，我们自然会关心宇宙的寿命有多长，它的未来将走向何方，“宇宙的终极命运”也因此成为物理宇宙学的重要议题。

虽然关于宇宙演化的说法自古以来就不尽相同，可在爱因斯坦的广义相对论出现后，宇宙起源于“大爆炸”且经历了暴胀的观点已普遍为大多数科学家所接受，不过，大爆炸之前发生了什么，那时是否还存在别的事物，仍是不能确定的。

根据相对论，宇宙的未来会有不同的结局，每一种都可能是宇宙的终极命运。

目前较为主流的几种假说中，基于暗能量特性的“大撕裂”假说是于2003年提出的比较新的假说之一。这种假说认为，宇宙因为暗能量的持续增强与不断扩散而处于加速膨胀状态，而在宇宙膨胀的过程中，暗能量的密度将越来越大，星系之间因此被相互分离，行星也会越来越远离恒星。

大约在宇宙终极时刻来临之前的6000万年里，宇宙的重力可能会一直减弱，比如无法维持银河系与其他星系的联系，最后的三个月，太阳系也将不再受重力的束缚，最后的30分钟内，时空里所有的恒星、行星，连同原子都会被撕碎，那时一切时空都将被瓦解成不受任何束缚的粒子与辐射。根据“大撕裂”假说，宇宙从现在到最后大约还剩下500亿年的时间。

“大冻结”假说也叫作“热寂说”，它是根据热力学第二定律提出的，它认为宇宙中的熵会不断增加并且会从有序日益走向无序，最终当宇宙中的熵达到最大值，即呈热力学平衡状态时，因为所有的能量已转化为热能，宇宙整体的温度将趋近于绝对零度，那时，任何物质与生命都将不复存在，整个宇宙的恒星都会熄灭，宇宙也将陷入无边的黑暗，所剩下的宇宙主导者黑洞，也会因为霍金辐射而最终消失。从此以后，宇宙便将一直处于“大冻结”状态，死寂一片。可是到目前为止，“热寂说”也仅是对宇宙终极命运的大胆猜想之一，没有任何的实际证据可以证实它。

根据宇宙不断膨胀的理论，还有的科学家提出了“大挤压”的假说，也可以称它为“大崩坠”假说，这种假说从宇宙膨胀论延伸而来。假说认为，宇宙最初就像一团炽热的火球，火球膨胀扩大，目前还在膨胀中。如果重力足够大，宇宙便会停止膨胀开始收缩，最终，它会回到刚诞生时的炽热状态。

在暗能量还没被发现之前，不少科学家都认为因大爆炸而产生的宇宙膨胀会逐渐减缓直至停止，然后坍缩回原始状态再一次发生大爆炸。但是由于人类观测到了宇宙的加速膨胀，再加上暗能量的发现，科学家认为暗能量产生的斥力会与收缩产生的引力相互作用，最终的坍缩不太可能出现，所以坍缩说并不太为人接受。

当然，由于人类对暗能量的性质还缺乏了解，所以宇宙的终极命运究竟会如何，并没有统一的肯定答案。

这些关于宇宙未来的讨论，都建立在物理理论的基础上，并且，随着理论的发展，以及人类对宇宙更深入的观测，人类对宇宙的构成与演化以及对宇宙终极命运的认识也都将处在不断的变化中。

宇宙的明天究竟如何？空间会呈现怎样的状态？时间是有限的还是无限的？宇宙的结束跟它的开始一样重要，存在很多猜想。

除了几种主流的假说，关于宇宙的终极命运还有“吞噬说”和“多元宇宙说”等假说。“吞噬说”是一种纯粹的假想，它认为宇宙里的黑洞会慢慢吞噬掉一切天体与物质，然

后大黑洞又会把小黑洞吞噬掉，最终，宇宙将只存在一个超级大黑洞。

多元宇宙说则是指在人类可观测的宇宙外，还存在着其他宇宙，那些在我们的宇宙里所无法理解的黑洞、奇点等，可能都是因宇宙膨胀而形成的其他时空，这些不同的时空共同构成了多重宇宙。

还有一种假想是，多重宇宙的时空在各自独立的同时，其中的基本物理规律、基本粒子也可能都不相同。也许有时“平行时空”“多重宇宙”让人觉得是一回事，但在量子力学中，平行宇宙跟多世界相关，有研究认为，如果同一事件发生在不同的平行世界，结果可能完全不同。